清华大学化学类教材

基础无机化学实验

崔爱莉　主编

清华大学出版社
北京

内 容 简 介

本书为清华大学化学类教材。全书分为6章,包括化学实验室规则和基本知识、基本操作实验、物理化学量的测定、物质制备和提纯、元素化合物性质、综合设计性实验。本书特点是根据实验内容适当介绍相关科学家和化学发展史,注重基础实验,循序渐进。

本书可用作高等学校化学类专业和其他相关专业的教材或参考书。

图书在版编目(CIP)数据

基础无机化学实验/崔爱莉主编. —北京:清华大学出版社,2018(2024.3 重印)
(清华大学化学类教材)
ISBN 978-7-302-49517-8

Ⅰ. ①基… Ⅱ. ①崔… Ⅲ. ①无机化学—化学实验—高等学校—教材 Ⅳ. ①O61-33

中国版本图书馆 CIP 数据核字(2018)第 026626 号

责任编辑: 柳 萍
封面设计: 傅瑞学
责任校对: 赵丽敏
责任印制: 沈 露

出版发行: 清华大学出版社
网　　址: https://www.tup.com.cn, https://www.wqxuetang.com
地　　址: 北京清华大学学研大厦 A 座　　**邮　　编:** 100084
社 总 机: 010-83470000　　**邮　　购:** 010-62786544
投稿与读者服务: 010-62776969, c-service@tup. tsinghua. edu. cn
质量反馈: 010-62772015, zhiliang@tup. tsinghua. edu. cn
印 装 者: 三河市君旺印务有限公司
经　　销: 全国新华书店
开　　本: 170mm×230mm　　**印　　张:** 9.5　　**字　　数:** 178 千字
版　　次: 2018 年 2 月第 1 版　　**印　　次:** 2024 年 3 月第 3 次印刷
定　　价: 29.80 元

产品编号: 078561-01

前　言

化学是一门以实验为基础的科学。化学实验不仅传授学生化学知识和训练学生实验技能，还要培养学生的思维方法、科学精神和品德以及团队协作和勇于开拓的创新意识。

通过基础无机化学实验课程，培养学生观察实验现象、分析实验数据、撰写实验报告和设计综合性实验的能力。本书分为 6 章，包括化学实验室规则和基本知识、基本操作实验、物理化学量的测定、物质制备和提纯、元素化合物性质和综合设计性实验。

本书针对基础课程的教学特点，介绍了与实验相关的科学发现史。目的是使学生了解科学发现的过程，扩展学生的知识面，启发学生的思维，使学生能够了解和吸取众多科学发现中的成功经验和失败教训，并将它们和具体的实验联系起来，这对学生的能力锻炼及今后从事科学研究都有很大的帮助。本书可以作为综合性大学化学类本科生的实验课程教材。

本书在吸取了国内出版的实验教材优点的同时，还力求突出以下特色：

(1) 为了培养学生的创新能力，本教材引入了综合性研究型实验。例如两种水合草酸铜酸钾的控制合成实验，不仅让学生学到晶体生长的理论知识，还能让学生在实验能力方面得到训练。

(2) 在综合性实验中引入编者开发的原创性实验"配合物$[Cu(deen)_2](ClO_4)_2$的制备及热致变色性质"。该实验的特点是把配合物晶体场理论中的微观结构相变和宏观实验现象相结合，本书在国内外化学实验教材中首次采用这个实验。

(3) 处理好无机化学实验和其他实验课程内容的衔接，避免不必要的重复。

(4) 提高教材的可讲授性。教材内容由浅入深，循序渐进。

(5) 尽可能让学生进行一些探索性、研究型的实验。

感谢清华大学寇会忠教授对该书进行了全面的审定。由于编者水平所限，本书错误之处在所难免，在此恳请广大读者和同行不吝赐教，以期再版时得以改正。

编　者

2017 年 12 月

目　　录

第1章　化学实验室规则和基本知识

1.1　实验室安全守则和意外事故的处理

1. 实验室安全守则

化学药品中有很多是易燃、易爆、有腐蚀性或有毒的。所以在实验前应充分了解实验室安全守则。实验时在思想上要十分重视安全问题，集中注意力，遵守操作规程，避免事故的发生。

(1) 进入实验室后，首先熟悉水龙头、电闸的位置和操作方法，以及灭火栓的使用方法。使用电器设备时，不要用湿手接触电插销，以防触电。

(2) 加热试管时，不要将试管口对着自己或别人，不要俯视正在加热的液体，以免液体溅出，受到伤害。嗅闻气体时，应用手向自己方向轻拂气体。

(3) 使用酒精灯时，应随用随点燃，不用时盖上灯罩。不要用已点燃的酒精灯去点燃别的酒精灯，以免酒精溢出而失火。

(4) 浓酸、浓碱具有强腐蚀性，切勿溅在衣服、皮肤上，尤其勿溅到眼睛上。稀释浓硫酸时，应将浓硫酸慢慢倒入水中，而不能将水向浓硫酸中倒，以免迸溅。

(5) 乙醚、乙醇、丙酮、苯等有机易燃物质，安放和使用时必须远离明火，取用完毕后应立即盖紧瓶塞或瓶盖。

(6) 能产生有刺激性或有毒气体的实验，应在通风橱内(或通风处)进行。

(7) 有毒药品(如重铬酸钾、钡盐、铅盐、砷的化合物、汞的化合物等，特别是氰化物)不得进入口内或接触伤口。也不能将有毒药品随便倒入下水管道。

(8) 实验室内严禁饮食和吸烟。实验完毕，应洗净双手后，才可离开实验室。

(9) 实验室的仪器和药品未经教师准许不能带出实验室。

(10) 有毒药品要按照相关药品管理规定使用。

2. 实验室意外事故的处理

(1) 灭火：若因酒精、苯或乙醚等引起着火，应立即用湿布或沙土等扑灭。

若遇电气设备着火，必须先切断电源，再用泡沫式灭火器或四氯化碳灭火器灭火。

(2) 烫伤：可用高锰酸钾溶液或苦味酸溶液揩洗灼伤处，再搽上烫伤油膏。

(3) 酸伤：若强酸溅到眼睛或皮肤上，应立即用大量水冲洗，然后用饱和碳酸氢钠溶液或者稀氨水冲洗。

(4) 碱伤：立即用大量水冲洗，然后用硼酸或醋酸溶液($20g \cdot L^{-1}$)冲洗。

(5) 割伤：伤口内若有玻璃碎片，需先挑出，再行消毒、包扎。

(6) 触电：首先应切断电源，然后在必要时，进行人工呼吸。

(7) 毒气：若吸入溴蒸气、氯化氢、氯等气体，可立即吸入少量酒精蒸气以解毒；若吸入硫化氢气体，会感到不适或头晕，应立即到室外呼吸新鲜空气。

(8) 对伤势较重者，应立即送医院医治，任何延误都可能使治疗变得更加复杂和困难。

1.2　误差分析和有效数字

化学是一门实验科学，要进行许多定量测定，如常数的测定、物质组成的分析、溶液浓度的分析等。这些测定有些是直接进行的，有些则是根据实验数据推演计算得出的。测定与计算结果的准确性如何，实验数据如何处理，在研究这些问题时，都会遇到误差等有关问题。所以，树立正确的误差及有效数字的概念，掌握分析和处理实验数据的科学方法是十分必要的。下面仅就化学实验中常见的有关问题及处理方法介绍一些基础知识。

1. 误差分析

1) 准确度、精密度和误差

准确度与精密度是两个不同的概念，是衡量实验结果的重要标志。在定量分析中，对于实验结果的准确度都有一定的要求。所谓准确度，是表示实验结果与真实值接近的程度。但是，由于测量仪器、测量方法、外界条件及人的感觉器官等的限制，客观存在的真实值是无法测得的。实际工作中多数是把由经验丰富的工作人员用多种可靠的实验方法，经过反复多次测定得到结果的算术平均值，作为“标准值”(或称“最佳值”)代替真实值来检查测量的准确度。有时也可将纯物质中某元素的理论含量作为真实值，或者以公认的手册上的数据作为真实值。准确度越高则表明测定结果与真实值之间的差值越小。精密度是表示几次平行测定结果相互接近的程度。如果在相同条件下，对同一试样几次平行实验的测定值彼此比较接近，则说明测定结果精密度较高；如果实验测定值彼此相差很多，则说明测定结果的精密度较低。

如何从准确度与精密度两方面来衡量测定结果？例如，甲、乙、丙、丁 4 人同时分析一瓶 NaOH 溶液的浓度（真实值为 0.123 4mol·L^{-1}），每人分别平行测定 3 次，结果如表 1-1 所示。

表 1-1　甲、乙、丙、丁四人测定结果　mol·L^{-1}

测定结果		甲	乙	丙	丁
c(NaOH)	1	+0.123 1	+0.121 0	+0.123 0	+0.121 4
	2	+0.123 3	+0.121 1	+0.126 1	+0.123 8
	3	+0.123 2	+0.121 2	+0.128 6	+0.125 0
平均值		+0.123 2	+0.121 1	+0.125 9	+0.123 4
真实值		+0.123 4	+0.123 4	+0.123 4	+0.123 4
差值		−0.000 2	−0.002 3	+0.002 5	+0.000 0

由表 1-1 可知，甲的分析结果准确度与精密度均较高，结果可靠；乙的分析结果精密度虽很高，但准确度太低；丙的分析结果精密度和准确度均很差；丁的分析结果从平均值看虽然最接近真实值，但是精密度极差，3 次测量数值彼此相差很远，仅仅是由于正负误差相互抵消，结果凑巧等于（或接近）真实值，而每次测量结果都与真实值相差很大，因而丁的测量结果是不可靠的。由此可见：

(1) 精密度高，不一定能保证准确度高。

(2) 精密度是保证准确度的先决条件。如果精密度极差，测定结果不可靠，也就失去了衡量准确度的前提。

初学者进行实验时，一定要严格控制条件，认真仔细地操作，首先要保证得到精密度高的数据，才有可能获得准确度高的可靠的结果。

准确度的高低常用误差来表示。误差即实验测定值与真实值之间的差值。误差越小，表示测定值与真实值越接近，准确度越高。

当测定值大于真实值时，误差为正值，表示测定结果偏高；当测定值小于真实值，则误差为负值，表示测定结果偏低。

误差的表示方法有两种，即绝对误差与相对误差。

绝对误差表示测定值与真实值之差。相对误差表示绝对误差在真实值中所占的百分率，即

$$\text{绝对误差} = \text{测定值} - \text{真实值}$$

$$\text{相对误差} = \frac{\text{绝对误差}}{\text{真实值}} \times 100\%$$

在上面的例子中，甲、乙、丙 3 人测定结果的误差见表 1-2。

表 1-2　绝对误差与相对误差

	绝对误差	相对误差
甲	-0.0002	$\frac{-0.0002}{0.1234}\times 100\%=-0.2\%$
乙	-0.0023	$\frac{-0.0023}{0.1234}\times 100\%=-2\%$
丙	$+0.0025$	$\frac{+0.0025}{0.1234}\times 100\%=+2\%$

2）误差产生的原因

引起误差的原因有很多，一般分为两类：系统误差与随机误差。

（1）系统误差　系统误差是由某种固定的原因造成的。它的大小、正负有一定的规律性，重复测定时会重复出现，无法相互抵消。产生系统误差的主要原因是：方法误差（测定方法本身引起的），仪器和试剂误差（如仪器不够精确、试剂不够纯等），操作误差（操作者本人的原因）。系统误差的特点是，产生系统误差的诸因素是可以被发现和加以克服的。

（2）随机误差　这是由一些难以控制的偶然因素造成的。如仪器性能的微小变化，操作人员对各份试样处理时的微小差别等。由于引起的原因具有偶然性，所以造成的误差是可变的，有时大，有时小；有时正，有时负。但是随机误差的出现服从统计规律，可以采取多次测量，取平均值的办法来减小和消除。

2. 有效数字

有效数字就是实际能测到的数字。也就是说，在一个数据中，除最后一位是不确定的或可疑的外，其他各位都是确定的。例如，记录滴定管所得体积读数 25.85mL，那么这四位数字都是有效数字；又如用台秤称得质量为 30.5g，仅有三位有效数字。所以有效数字是随实际情况而定的，不是由计算结果决定的。

当数字中有“0”时，要具体分析。例如，30.511 9 及 5.320 0 中的“0”都是有效数字；0.003 6 中的“0”只表示位数，不是有效数字，它的有效数字仅有两位，即“36”；在 0.001 00 中，“1”左边的 3 个“0”不是有效数字，仅表示位数，只起定位作用，“1”右边的两个“0”是有效数字，这个数的有效数字是三位。

在化学计算中，如 3 600、1 000 以“0”结尾的正整数，它们的有效数字位数比较含糊。一般可以看成是四位有效数字，也可以看成是两位或三位有效数字，需按照实际测量的准确度来确定。如果是两位有效数字，则写成 3.6×10^3、1.0×10^3。如果是三位有效数字，则写成 3.60×10^3、1.00×10^3。还有倍数或分数的情况，如 2mol 铜的质量＝2×63.54g，式中的“2”是个自然数，不是测量所得，不应看做一位有效数字，而应认为是无限多位的有效数字。

对数的有效数字的位数仅取决于小数部分(尾数)数字的位数，其整数部分(首数)为 10 的幂数，不是有效数字。比如 pH＝11.20，其有效数字为两位，所以 $c(H^+)=6.3\times10^{-12}\,mol\cdot L^{-1}$。

3. 应用有效数字的规则

(1) 数据记录中有效数字的确定。根据有效数字的概念，在记录数据时，应注意所使用仪器的量程和精度。由于有效数字的最后一位数字一般是不定值，所以记录数据时，应将包括仪器最小刻度后估计的一位在内的所有读数记录下来，即只应保留一位不定值。例如，滴定管的最小刻度为 0.1，加上估计的一位，所以体积应记录至 0.01mL，所得体积读数××.××mL，表示前三位是准确的，只有第四位是估读出来的，属于可疑数字，那么这四位数字都是有效数字。移液管要求记录至 0.01mL。如用电子天平称重时，根据天平的精度和所显示的读数，可记录至 0.1～0.000 1g。

(2) 运算时，应采用“四舍六入五留双”原则。

(3) 几个数值相加或相减时，和或差的有效数字保留位数，取决于这些数值中小数点后位数最少的数字。运算时，首先确定有效数字保留的位数，以小数点后位数最少的为依据，弃去不必要的数字，然后再进行加减运算。例如，35.625 8、2.52 及 30.525 相加时，2.52 的小数点后仅有两位数，其位数最少，故应以它作为标准，先取舍得 35.62、2.52、30.52，后将三个数相加，为 68.66；而不是先相加得 68.670 8，再取舍为 68.67。

(4) 几个数字相乘或相除时，积或商的有效数字的保留位数，由其中有效数字位数最少的数值的相对误差决定，而与小数点的位置无关。例如，计算 0.032 5×5.103，它们的绝对误差分别为 ± 0.000 1 和 ± 0.001，而相对误差分别是 $\frac{\pm0.0001}{0.0325}\times100\%=\pm0.3\%$ 和 $\frac{\pm0.001}{5.103}\times100\%=\pm0.02\%$，第一个数相对误差大，应以它为标准来确定其他数值的有效数字位数，它的有效数字仅有三位，具体计算时，先修约后计算，即 0.032 5×5.10＝0.165 75，再以三位有效数字为标准将结果修约为 0.166，记录在报告上的计算结果为 0.166，而不能照抄计算器上的 0.165 75。

在乘除运算中，常会遇到 9 以上的大数，如 9.00、9.83 等，其相对误差约为 10%，与 10.08、12.10 等四位有效数字数值的相对误差接近，所以通常将它们当作四位有效数字的数值处理。

在较复杂的计算过程中，中间各步可暂时多保留一位不定值数字，以免多次舍弃，造成误差的积累。待到最后结束时，再弃去多余的数字。

目前，电子计算器的应用相当普遍。由于计算器上显示的数值位数较多，虽然在运算过程中不必对每一步计算结果进行位数确定，但应注意正确保留最后计算结果的有效数字位数，它应与相对误差大的数据保持一致，决不能照抄计算器上显示的数值。

1.3　玻璃器皿的洗涤

化学实验中使用的玻璃器皿应洗净，洁净的玻璃器皿内壁被水润湿应无条纹，且不挂水珠。

1. 用去污粉、洗涤剂洗

实验室中常用的烧杯、锥形瓶、量筒等一般的玻璃器皿，可用毛刷蘸些去污粉或合成洗涤剂刷洗。

去污粉是由碳酸钠、白土、细沙等混合而成的。将要刷洗的玻璃仪器先用少量水润湿，撒入少量去污粉，然后用毛刷擦洗。利用碳酸钠的碱性去除油污，细沙的摩擦作用和白土的吸附作用增强了对玻璃仪器的清洗效果。玻璃仪器经擦洗后，用自来水冲掉去污粉颗粒，然后用去离子水洗，去掉自来水中的钙、镁、铁、氯等离子。洗涤时应遵循“少量多次”的原则，一般以 3 次为宜。

洗干净的仪器倒置时，仪器中存留的水可以完全流尽而仪器不留水珠和油花。出现水珠或油花的仪器应当重新洗涤。洗净的仪器不能用纸或抹布擦干，以免将脏物或纤维留在器壁上面沾污了仪器。

2. 铬酸洗液

滴定管、移液管、容量瓶等具有精确刻度的仪器，常用铬酸洗液浸泡 15min 左右，再用自来水冲净残留在器皿上的洗液，然后用去离子水润洗 2～3 次。

铬酸洗液的配制：在台秤上称取 5g 工业纯 $K_2Cr_2O_7$（或 $Na_2Cr_2O_7$）置于 500mL 烧杯中，先用少许水溶解，在不断搅动下，慢慢注入 100mL 浓硫酸（工业纯），待 $K_2Cr_2O_7$ 全部溶解并冷却后，将其保存于带磨口的试剂瓶中。所配的铬酸洗液为暗红色液体。因浓硫酸易吸水，用后应将磨口玻璃塞子塞好。铬酸洗液有毒，易造成环境污染，所以一般能够用其他洗涤方法洗涤干净的仪器，就不要用铬酸洗液。

使用洗液应按以下顺序操作：

(1) 用洗液洗涤前，一般先将仪器用自来水和毛刷洗刷，倾尽水，以免将洗液稀释而降低洗涤效果。如无还原性物质存在，则可直接用洗液洗。

(2) 洗液可以反复使用。当洗液变为绿色而失效时，可倒入废液桶中，绝不能倒入下水道，以免腐蚀金属管道并造成环境污染。

(3) 用洗液洗涤过的仪器，应先用自来水冲净，再以去离子水润洗内壁。

洗液为强氧化剂，腐蚀性强，使用时应特别注意不要溅到皮肤和衣服上。

必须指出：洗液不是万能的，认为任何污垢都能用它洗去的说法是不对的。如被 MnO_2 沾污的器皿，用洗液是无效的，此时可用草酸等还原剂洗去污垢。

3. 用其他溶剂洗

光度法中所用的比色皿，是由光学玻璃制成的，不能用毛刷刷洗。通常视沾污的情况，选用铬酸洗液、HCl-乙醇、合成洗涤剂等洗涤后，用自来水冲洗净，再用去离子水润洗 2～3 次。

(1) NaOH-$KMnO_4$ 水溶液

称取 10g $KMnO_4$ 放入 250mL 烧杯中，加入少量水使之溶解，再慢慢加入 100mL10%NaOH 溶液，混匀即可使用。该混合液适用于洗涤油污及有机物。洗后在器皿中留下的 $MnO_2 \cdot nH_2O$ 沉淀物可用 HCl＋$NaNO_2$ 混合液或热草酸溶液等洗去。

(2) KOH-乙醇溶液(1∶1)

适合于洗涤被油脂或某些有机物沾污的器皿。

(3) HNO_3-乙醇溶液(1∶1)

适合于洗涤被油脂或有机物沾污的酸式滴定管。盖住滴定管管口，利用反应所产生的氧化氮洗涤滴定管。

1.4　化学试剂、滤纸的规格和取用

化学试剂：按其纯度分为若干等级(见表 1-3)。一些特殊用途的所谓“高纯”试剂，例如“光谱纯”试剂，它是以光谱分析时出现的干扰谱线强度大小来衡量的；“色谱纯”试剂，是在最高灵敏度下以 10^{-10} g 下无杂质峰来表示的；“放射化学纯”试剂，是以放射性测定时出现干扰的核辐射强度来衡量的；“MOS”试剂，是“金属-氧化物-硅”或“金属-氧化物-半导体”试剂的简称，是电子工业专用的化学试剂；等等。在一般化学实验中，通常要求使用 AR 级(分析纯)试剂。本书后面的具体分析实验中使用的试剂均为分析纯试剂，以后不再另行说明。

表 1-3　试剂的规格和适用范围

等级	名称	英文名称	符号	适用范围	标签标志
一级品	优级纯	guarantee reagent	GR	纯度很高，适用于精密分析工作	绿色
二级品	分析纯	analytical reagent	AR	纯度仅次于一级品，适用于多数分析工作	红色
三级品	化学纯	chemically pure	CP	纯度次于二级品，适用于一般化学实验	蓝色
四级品	实验试剂	laboratorial reagent	LR	纯度较低，适用于作实验辅助试剂	棕色
生物级	生物试剂	biological reagent	BR		咖啡色或黄色

定量和定性滤纸：化学中常用的有定量分析滤纸和定性分析滤纸两种。它们又分为快速、中速和慢速三类。定量滤纸又称为“无灰”滤纸，一般在灼烧后，每张滤纸的灰分不超过 0.1mg。各种定量滤纸在滤纸盒上用白带(快速)、蓝带(中速)、红带(慢速)作为分类标志。滤纸外形有圆形和方形两种。常用的圆形滤纸有 ϕ7cm、ϕ9cm 和 ϕ11cm 等规格；方形滤纸有 60cm×60cm、30cm×30cm 等规格。表 1-4 列出了定量和定性分析滤纸的主要规格。

表 1-4　定量和定性分析滤纸的规格

项目	定量滤纸			定性滤纸		
	快速(白带)	中速(蓝带)	慢速(红带)	快速	中速	慢速
质量/($g \cdot m^{-2}$)	75	75	80	75	75	80
水分	≤7%	≤7%	≤7%	≤7%	≤7%	≤7%
灰分	≤0.01%	≤0.01%	≤0.01%	≤0.15%	≤0.15%	≤0.15%
含铁量	—	—	—	≤0.003%	≤0.003%	≤0.003%
氯化物	—	—	—	≤0.02%	≤0.02%	≤0.02%

1.5　液体体积的度量仪器及使用方法

根据需要，可用量筒、移液管、容量瓶和滴定管等度量液体体积，读取量筒、移液管、滴定管等体积时，要使视线与管内液面保持水平，读取与弯月面相切的刻度，视线偏高和偏低都会造成误差。

1. 量筒

量筒容量有 10mL、25mL、50mL、100mL 等，实验中可根据所取溶液的体积来选用。

2. 移液管和吸量管

常用移液管和吸量管如图 1-1 所示。

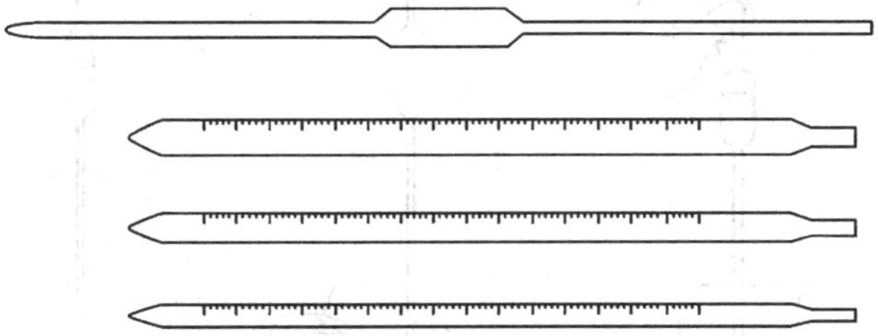

图 1-1　移液管和吸量管

要求准确移取一定体积溶液时，可用移液管。经常用的移液管有 5mL、10mL、25mL 等。

移液管一般是中部有近球形的玻璃管，管的上部有一刻线表明体积，流出溶液的体积与管上所标明的体积相同。

吸量管一般只用于取小体积的溶液。管上带有分度，可以用来吸取不同体积的溶液。但用吸量管取溶液的准确度，不如移液管。上面所指的溶液均以水为溶剂，若为非水溶剂，则体积稍有不同。

移液管和吸量管的使用方法简单介绍如下。

1）洗涤

使用前用少量洗液润洗后，依次用自来水润洗三次、去离子水润洗三次，洗净的移液管和吸量管整个内壁和下部的外壁不挂水珠。

移取溶液前再用少量被移取液润洗三次。润洗移液管时，为避免溶液稀释或沾污，可将溶液转移至小烧杯中吸取。首先吸入少量溶液至移液管中，将移液管慢慢放平，并旋转使移液管内壁全部洗过。然后将管直立，将管中液体沿杯内壁放出，然后再将小烧杯的液体沿管的外壁下部倒出（弃去）。这样一次即可将移液管内壁、小烧杯内壁和移液管下端的外壁同时润洗一遍。如此操作三次后，将移液管直接插入容量瓶中或将溶液倒入小烧杯中吸取就可以了。

2）吸取溶液

右手拇指和中指拿住管颈标线的上部（见图 1-2），左手拿吸耳球将溶液吸入管内至标线以上，拿去吸耳球，随即右手食指按住管口。将移液管移出液面，靠在器壁上，稍微放松食指，同时轻轻转动移液管，使液面缓慢下降，当弯液面最低点与标线相切时，即按紧食指使溶液不再流出。

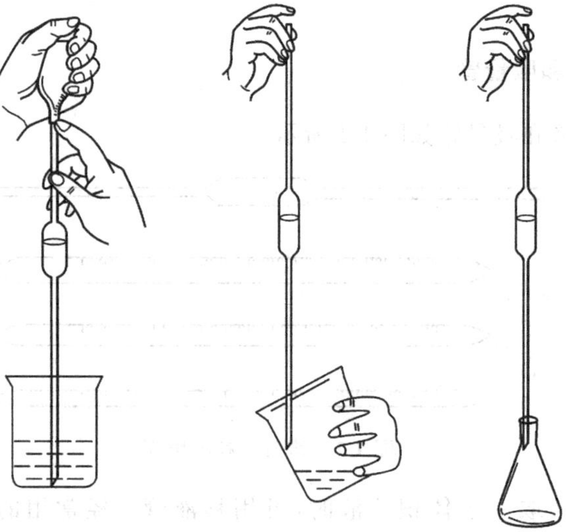

图 1-2 溶液的吸取和放出

3）放出溶液

把移液管的尖嘴靠在接收容器内壁上，让接收容器倾斜而移液管直立。放开食指使溶液自由流出，如图 1-2 所示。待溶液不再流出时，还要等 15s，再取出移液管。最后尖嘴内余下的少量溶液，不必用力吹入接收器中，因原来标定移液管体积时，这点体积已不在其内（如移液管上有一个吹字，则一定要吹入接收容器中）。这样从管中流出的溶液正好是管上标明的体积。

3. 容量瓶

配制准确浓度的溶液时要用容量瓶。它是细颈的平底瓶，配有磨口玻璃塞或塑料塞，容量瓶上标明使用的温度和容积，瓶颈上有刻线。容量瓶使用方法如下。

1）检查瓶塞是否严密

在瓶内加水，塞上瓶塞，右手食指按住瓶盖，左手拿住瓶底，将瓶倒置，摇动，如不漏，把塞子旋转 180°，塞紧倒置，再次试验是否漏水，确定不漏水才能使用。为避免塞子打破或遗失，应用橡皮套把塞子系在瓶颈上。

2）洗涤

容量瓶的洗涤方法与移液管相似。使用前用少量洗液润洗后，依次用自来水洗三次、去离子水洗三次。

3）配制溶液

用容量瓶配制溶液，如是固体物质，要先在烧杯内溶解，再转移到容量瓶中

(见图 1-3)。用去离子水冲洗烧杯几次,洗涤液转入瓶中。然后慢慢往瓶中加入去离子水,当接近刻线约 1cm 时,稍停后待附在瓶颈上的水流下后,用洗瓶或滴管滴加水到溶液的弯月面与标线相切。盖好瓶塞,按图 1-4 所示将容量瓶倒置摇动,重复几次,使溶液混合均匀。

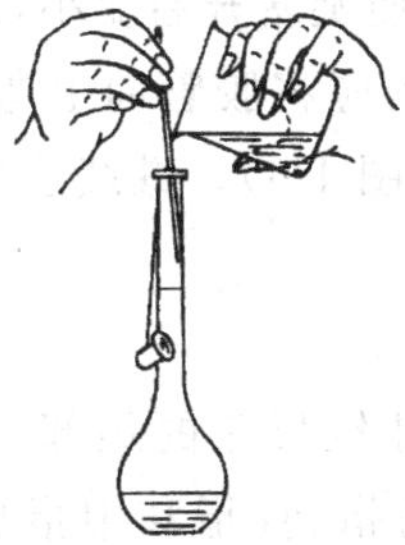

图 1-3　转移溶液到容量瓶中

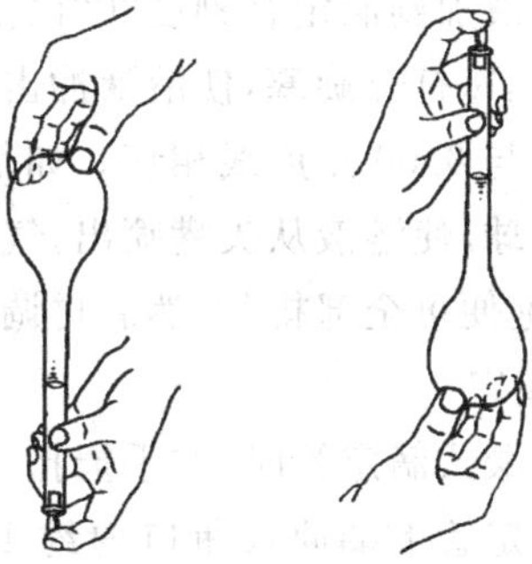

图 1-4　容量瓶的摇动

如固体是经加热溶解的,溶液冷却后才能转入容量瓶内。如果要把浓溶液稀释,要用移液管吸取一定体积浓溶液放入容量瓶中,然后按上述操作稀释至刻度线。

配好的溶液如需保存,应转移到磨口试剂瓶中。容量瓶用毕后应立即用水冲洗干净。如长期不用,磨口处应洗净擦干,并用纸片将磨口隔开。容量瓶不得在烘箱中烘烤,也不能用其他任何方法进行加热。

4. 滴定管

滴定管分酸式滴定管和碱式滴定管两种。除碱性溶液用碱式滴定管外,其他溶液都用酸式滴定管。目前还经常用到聚四氟乙烯滴定管,既可以用于滴定酸,也可以用于滴定碱。

酸式滴定管下端有一个玻璃旋塞,用以控制溶液的滴出速度。使用前先取出旋塞用滤纸吸干,然后用手指蘸少量凡士林油在塞子的两头涂一薄层,将旋塞塞好并转动,使旋塞与塞槽接触地方呈透明状态(图 1-5)。检查如不漏水,即可使用。

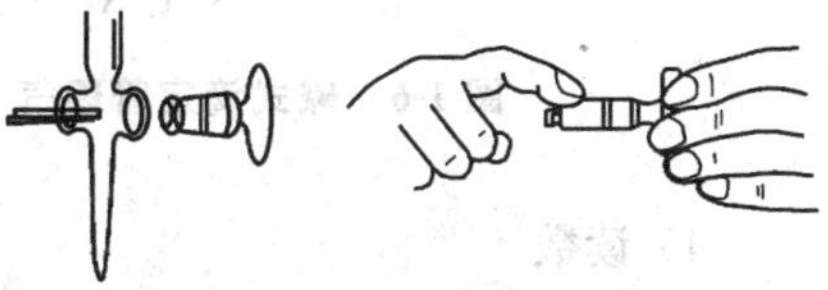

图 1-5　玻璃旋塞涂凡士林油

碱式滴定管的下端有胶管连接带有尖嘴的小玻璃管,胶管内装一个圆玻璃球,用以堵住溶液。使用时,左手拇指和食指捏住玻璃球部位稍上的地方,向一侧挤压胶管,使胶管和玻璃球间形成一条缝隙,溶液即可流出。

1）洗涤

滴定管在使用前用洗液、自来水、去离子水洗净后，再每次用少量（5～8mL）滴定溶液洗三遍，以保证不影响滴定液的浓度。

2）装溶液

将溶液加到滴定管刻度“0”以上，排出滴定管尖嘴气泡，将酸式滴定管稍倾斜，左手迅速打开旋塞，使溶液冲击赶出气泡后，再使旋塞开启变小，调至液面弯月面正好与 0.00 刻度线相切。如是碱式滴定管，则应将胶管向上弯曲，用两指挤压玻璃球，使溶液从尖嘴喷出，气泡随之逸出（见图 1-6）。继续边挤压边放下胶管，气泡便可全部排除，然后再调至 0.00 刻线。

3）滴定

使用酸式滴定管时，右手拇指、食指和中指拿住锥形瓶的颈部（如图 1-7 所示），使滴定管下端伸入瓶口内约 1～2cm。左手拇指、食指和中指控制玻璃旋塞，转动旋塞使溶液滴出。右手持瓶沿同一方向做圆周摇动，使溶液混合均匀。开始滴定时，液体滴出可快一些，但应成滴而不成流。溶液出现瞬间颜色变化，随着瓶子的摇动很快消失。当接近终点时，颜色变化消失较慢，这时应逐滴滴加溶液，摇匀后由溶液颜色变化再决定是否滴加溶液。最后控制液滴悬而不落，用锥形瓶内壁将溶液沾下（相当于半滴），用洗瓶冲洗锥形瓶内壁，摇匀，如颜色不再变化，即为终点。

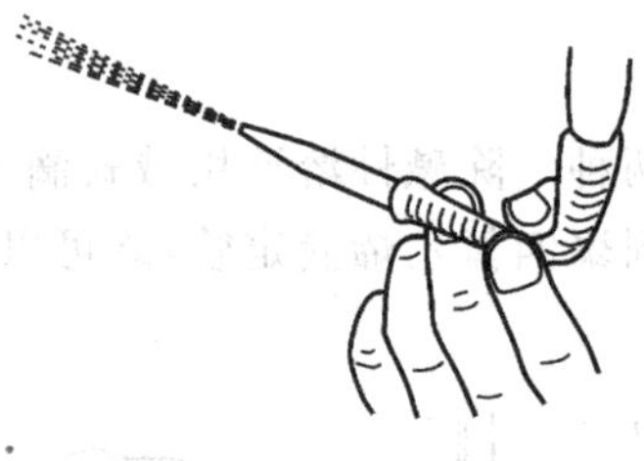

图 1-6　碱式滴定管逐气

图 1-7　滴定操作手法

4）读数

读数不准是产生误差的一个重要原因，读数时，要使视线与液面保持水平，滴定管每一大格为 1mL，一小格为 0.1mL，要读到小数点后第二位数。

（1）装满或放出溶液后，必须等 1～2min，使附着在内壁上的溶液流下来，再进行读数。如果放出来溶液的速度较慢（例如，滴定到最后阶段，每次只加半滴溶液时），等 0.5～1min 即可读数。读数前要检查一下管壁是否挂水珠，滴定管尖嘴是否有气泡。

(2) 对于无色或浅色溶液，应读取弯月面下缘最低点，读数时，视线在弯月面下缘最低点处，且与液面成水平(图 1-8)。对高锰酸钾等颜色较深的溶液，可读液面两侧的最高点。此时，视线应与该点成水平。注意初读数与终读数采用同一标准。

(3) 为了便于读数，可在滴定管后衬一黑白两色的读数卡。将读数卡衬在滴定管背后，使黑色部分在弯月面下 1mm 左右，弯月面的反射层即全部成为黑色(图 1-9)，读此黑色弯月面下缘的最低点。但对深色溶液则需读两侧最高点，可以用白色卡片作为背景。

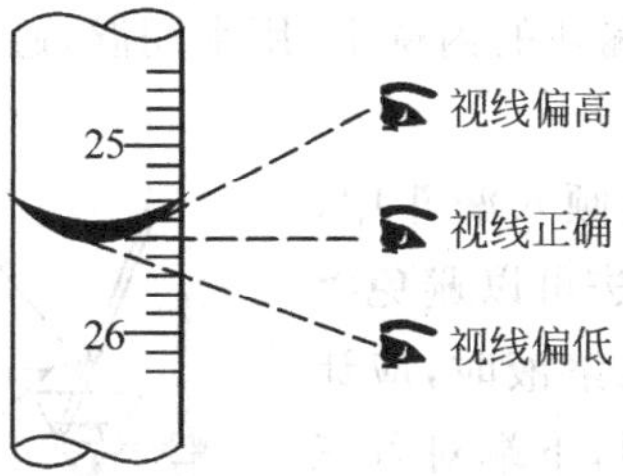

图 1-8　读数时视线位置

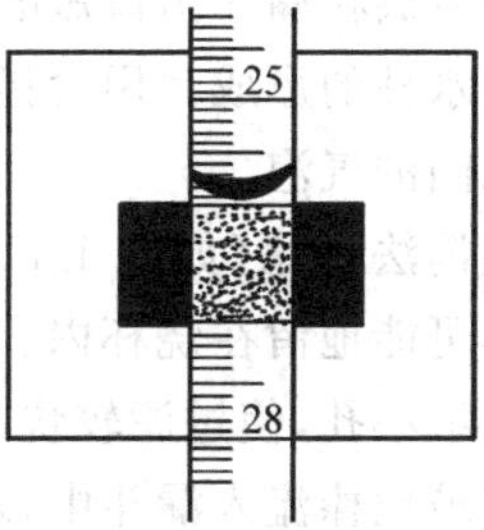

图 1-9　放读数卡读数

(4) 若为乳白板蓝线衬背滴定管，应当取蓝线上下两尖端相对点的位置读数。

1.6　固体与溶液的分离和重结晶

经常采用倾析法、过滤法、离心分离法、结晶和重结晶法对固相和溶液进行分离。

1. 倾析法

当晶体或沉淀的颗粒较大或相对密度较大，静止后能沉降至容器底部时，上层清液可由倾析法除去。如果需要洗涤，可加入少量洗涤液或去离子水，搅拌后沉降、倾析除去洗涤液。如此反复，即可洗净固体物质。

2. 过滤法

过滤是利用滤纸将溶液和固相分开。过滤后的溶液称为滤液。经常采用常压过滤、减压过滤(吸滤)和热过滤三种过滤方法。

1) 常压过滤

根据漏斗角度大小(与 60°角相比)，采用四折法折叠滤纸(如图 1-10)。先将滤纸对折，然后再对折。打开形成圆锥体后，放入漏斗中，试其与漏斗壁是否密合。如果滤纸与漏斗不十分密合,可稍稍改变滤纸折叠的角度,直到与漏斗密合为止。

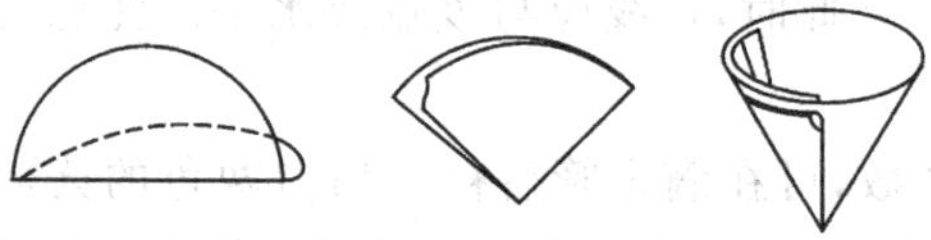

图 1-10　滤纸的折叠

为了使漏斗与滤纸之间贴紧而无气泡,可将三层厚的外层撕下一小块。三层的一边应放在漏斗出口短的一侧,避免过滤时有气泡由此处缝隙通过而影响漏斗颈内水柱的形成。用食指把滤纸按在漏斗的内壁上,用水润湿,赶尽滤纸与漏斗壁之间的气泡。

用倾泻法过滤(如图 1-11)。先把清液倾入漏斗中,让沉淀尽可能地留在烧杯内。这种过滤方法可以避免沉淀堵塞滤纸小孔,使过滤较快地进行。倾入溶液时,应让溶液沿着玻璃棒流入漏斗中,玻璃棒应倾斜,下端对着三层厚滤纸一边,并尽可能接近滤纸,但不要与滤纸接触。再用倾泻法洗涤沉淀 3～4 次。

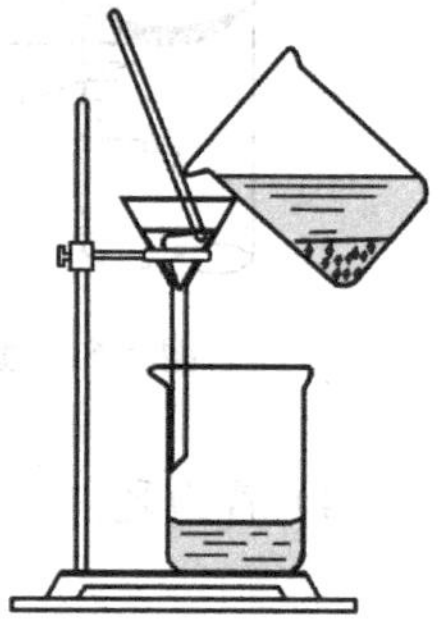

图 1-11　常压过滤

2) 减压过滤

减压过滤也叫吸滤。为了加速大量溶液与沉淀的分离,常应用布氏漏斗抽气过滤的方法。一般采用减压过滤,全套仪器的装置如图 1-12 所示。它是由吸滤瓶、布氏漏斗、安全瓶和玻璃抽气管组成的。玻璃抽气管一般装在实验室中的自来水龙头上。这种抽气过滤的原理是通过玻璃抽气管进行真空抽气把吸滤瓶中的空气抽出,造成部分真空,而使过滤的速度大大加快。安全瓶的作用是防止玻璃抽气管中的水倒回流入吸滤瓶中。

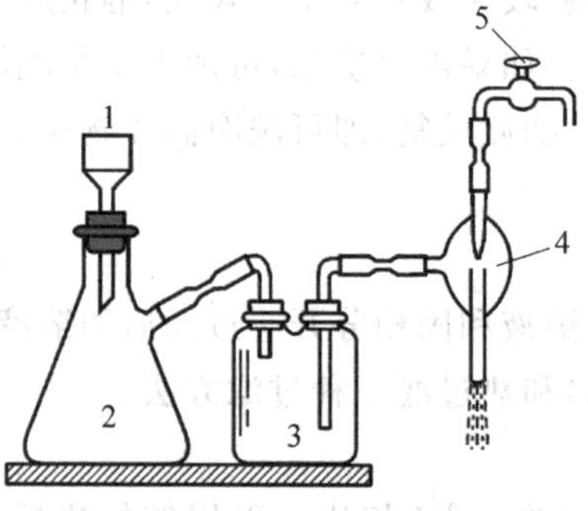

图 1-12　减压过滤装置

1—布氏漏斗；2—吸滤瓶；3—安全瓶；4—玻璃抽气管；5—自来水龙头

在进行过滤前，先将滤纸剪成直径略小(1～2mm)于布氏漏斗内径的圆形，平铺在布氏漏斗的瓷板上。再从洗瓶挤出少许去离子水润湿滤纸，并慢慢打开自来水龙头，稍微抽吸，使滤纸紧贴在漏斗的瓷板上，然后将要过滤的混合物慢慢地沿着玻璃棒倒入布氏漏斗中，进行抽气过滤。

在抽气过滤过程中，必须注意整个装置的气密性。可在各仪器的连接处周围注上少量水，若出现有水被吸入的现象，说明该处连接不好，遇到此种情况，应及时改善连接方式。

过滤完毕，先将吸滤瓶和安全瓶相连的胶管拆开，再关龙头(切勿先关龙头，致使水倒回流入安全瓶甚至吸滤瓶中)。然后将布氏漏斗从吸滤瓶上拿下，用玻璃棒或药匙将沉淀移入盛器内。

对于强酸性、强碱性及强腐蚀性溶液，可用尼龙布或熔砂玻璃漏斗过滤，但熔砂玻璃漏斗不适合过滤碱性太强的物质。

3) 热过滤

如果溶液中的溶质在冷却后易析出结晶，而实验要求溶质在过滤时保留在溶液中，则要采用热过滤的方法，如图 1-13 所示。

若过滤能很快完成(时间短)，过滤过程中溶液温度变化不大，则可采用趁热过滤而不需使用热过滤装置。若过滤需较长时间，过滤过程中溶液温度变化较大，则要使用热过滤装置。

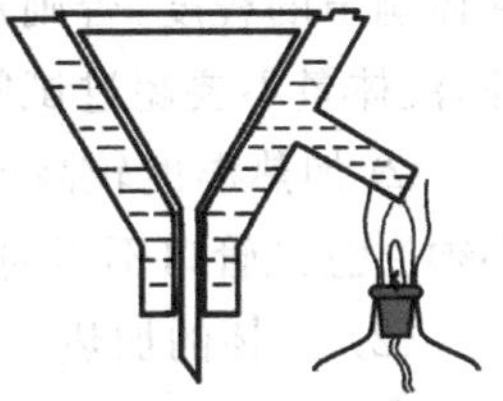

图 1-13　热过滤装置

3. 离心分离法

溶液和沉淀都很少时，可采用离心分离法。离心分离方法简单、方便。元素性质等试管实验中经常采用这种方法把沉淀和溶液分离。

将盛有沉淀和溶液的离心试管或小试管放入电动离心机的套管内，为保持平衡，几个试管要放在对称的位置，如果只有一种试样，可在对称位置放一支装等量水的试管。盖好盖子，将转速放在最低挡位置，然后逐渐加速。受到离心作用，试管中的沉淀聚集在底部，实现固液分离。几分钟后，将离心机转速逐渐调小最后完全停止，取出离心试管。

4. 结晶和重结晶

溶液经蒸发、浓缩成浓溶液后，冷却则析出晶体，冷却速度慢有利于长成大晶体。蒸发浓缩根据需要一般采用水浴加热或直接在石棉网上加热的方法，若溶质易被氧化或水解，最好采用水浴加热的方法。

如果晶体中含有其他杂质，可用重结晶的方法除去。先将晶体加入到一定量的水中，加热至完全溶解为饱和溶液，过滤除去不溶性杂质，滤液冷却后析出被提纯物的晶体，再次过滤，得到较纯的晶体，而可溶性杂质大部分在滤液中。根据被提纯物质的纯度要求，可进行多次重结晶操作。

1.7 加热和冷却方法

1. 加热方法

1）玻璃器皿的加热法

一般在开始加热时，加热容器的外面要保持干燥，如带有水滴则该处易发生破裂。无论何种情况，开始都要尽可能注意使用小火和弱火。

（1）试管的加热

① 加热试管时，用试管夹夹住试管的中上部，缓慢摇动，摇到管内大致发出液体响声的程度，否则用火直接加热底部时，液体会突然爆沸从试管冲出。此外，液体量不要超过试管的1/3，量多不能很好摇匀。

② 加热温度较高或者溶液有腐蚀性时需要使用试管夹，要注意用力恰当，必须注意试管口不得对着旁人或有危险药品的方向。

（2）烧杯的加热

① 只有试管可以直接用火加热。盛液体的烧杯必须在石棉网上加热，垫石棉网加热时，火焰热量能均匀地传导到器皿各处，可以防止器皿内的物质因受热不均匀和由于玻璃器皿局部受热而引起的破损。

② 加热含较多沉淀的液体以及需要蒸干沉淀时，用蒸发皿加热比用烧杯好。

（3）烧瓶的加热

① 通常不需要加热时，可用平底烧瓶，但内容物需要加热时，最好使用圆底烧瓶。圆底烧瓶受热均匀，玻璃厚薄均匀并有强度，因而适于加热。

② 和加热烧杯一样，烧瓶也要在石棉网上加热。特别是加热像圆底烧瓶那样的圆底器皿时，最好使用带圆形凹洼的石棉网或者加热套。

③ 加热圆底烧瓶时要注意防止爆沸。为此可预先加入沸石，如果在加热中途放入沸石，反倒会引起爆沸。如果忘加沸石，应当暂停加热，待冷却后再加入沸石。

2）坩埚加热法

坩埚是用于熔融、焙烧、高温处理、高温反应所用的耐热容器。化学实验用坩埚，根据其所用实验物质的性质，可选用下列几种坩埚。瓷坩埚和铂坩埚在化学分析和一般用途上应用最为广泛；氧化铝坩埚主要用于高温固体加热；石墨坩埚主要用于有还原气氛中的处理操作上；金、镍、铜、铁等坩埚可代替铂坩埚用于强碱性体系的熔融。

将坩埚放在铁三脚架上用铁丝及素烧瓷管做成的瓷三角上面进行加热。加热时，先用弱火，然后再用强火。根据反应的类别，有在反应开始后就停止加热的，也有取下坩埚盖加热的。在加热过程中，为了防止烫伤，在观察坩埚中的反应情况、取下盖子或是加热终了转移坩埚时都要使用坩埚钳操作。由于加热中的坩埚盖以及反应终了时的坩埚温度很高，不能直接放在桌面上，而应放在瓷板或石棉网上。

普通坩埚只能加热到700℃左右，如需要灼烧到更高温度时，例如热分解$CaCO_3$，必须将坩埚放入素烧保温器具中进行强热。这种保温装置叫马弗炉，可达1 000℃的高温。

铂耐化学腐蚀和耐热性能好，因此可用以制成坩埚和蒸发器皿来使用。但如果使用不当，价格高昂的器皿就会遭到损坏，因而使用时必须特别注意。

(1) 切勿将卤化银和其他易于分解的卤化物，例如氯化铁溶液，放在铂坩埚中蒸发、灼烧。不得在坩埚内熔融氢氧化钾、硝酸钾、过氧化钠、氯酸钾等。也要避免使用铂坩埚加热碱土金属氧化物或氢氧化物。

(2) 重金属易和铂形成合金，所以不得将铂坩埚与重金属以及重金属盐在一起加热。

3) 沙浴、水浴和油浴

为了消除直接用火加热的缺点，可以使用各种加热浴。加热浴除水浴、水蒸气浴、沙浴、油浴等外，还有甘油浴、液体石蜡浴、硫酸浴、金属浴(合金浴)、空气浴等。无论是直接用火加热，或是在石棉网上加热，都有发生过热的危险，并且每当火焰晃动，温度就要发生变化。使用水浴、油浴等加热，就可防止这些缺点。所以蒸馏时，要尽量使用浴锅加热。

(1) 沙浴

① 沙浴是在平底铁盘上放入一半左右细沙而成。由于简便又能缓慢加热，因此经常使用。操作时，可将烧杯、锥形瓶和其他器皿等欲加热部分埋入沙中进行加热。

② 因沙的导热性差，如果沙层过厚，则所需加热时间较长。沙中各部位的温度因位置而不同，因此欲测定沙浴温度时，必须将温度计水银球部分埋在靠近烧瓶容器壁近处的沙中。

③ 因沙盘底部是直接用火加热的，所以决不可使用氧化焰，而应用不带嘶嘶声的温火加热。注意，如用氧化焰强热，就会烧穿盘底。

④ 用沙盘加热时，盘底反射热能将盘下桌面烤焦，因此必须在桌面上铺上厚石棉板。

⑤ 沙浴的缺点像水浴一样，要控制一定的温度比较困难。如用导热性好的细铁粉来代替沙子，温度就易调节。

(2) 水浴

① 水浴是加热浴锅或烧杯中的水，然后将要加热的小烧杯等器具浸入水中，或是在烧杯上放置蒸发皿，利用水蒸气进行加热，只要控制浴锅中水的温度即可，但浴锅中水温最高可达水沸腾时的温度约 100℃，实际容器中的温度要低于水浴锅的温度。

② 通常使用的水浴都附带一套具有同心圆的环形铜盖，每个环圈上缠上细布，既避免蒸发皿、烧瓶等容器和铜直接接触而产生过热，还可防止加热容器滑倒。当环圈和上面放置的器皿大小不合适时可将缠布展开，把布边塞在圈与圈之间，然后再把器皿放在上面即可。

③ 在沸腾着的水浴上手持小烧瓶或烧杯短时间加热时，由于烫手，手中物件容易掉落水中。这时，可在水浴上放一适当大小的棉布，将布边压在圈与圈之间，再将要加热物件放在布上加热，亦可使用铁丝网代替棉布。水浴加热如图 1-14 所示。

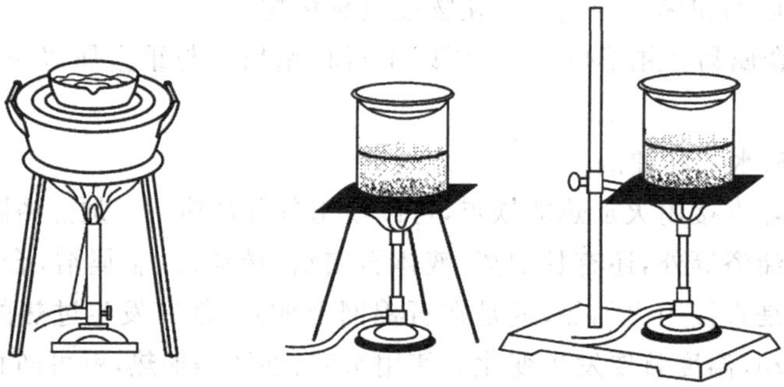

图 1-14　水浴加热装置

(3) 油浴

① 用于加热的液体是油时，叫做油浴。油浴用油除市售专用油外，芝麻油、亚麻油、蓖麻油、橄榄油、菜籽油等都可使用。最好是芝麻油，与其他植物油相比，使用寿命长，气味好。

② 因为加热在 100℃以上时才使用油浴，所以烧瓶必须浸于油中。

③ 油温升高，会产生油烟，当达到燃点时就会自燃。着火时应立刻灭火，取出烧瓶，并用板盖住油浴，不久火即可熄灭。如果来不及取出烧瓶时，也可以将细沙慢慢倒入油浴中。泼水是非常危险的。

④ 油长期使用后，会渐渐发黏，颜色变深，虽然不影响使用，但不好观察烧瓶内部的反应情况。如欲将油浴温度长时间保持恒定，可安装温度调节器，如能

同时装上搅拌器对油进行搅拌，则效果更好。

2. 冷却方法

1）冰和盐

（1）将冰破碎成粗砂糖状，最好使用刨冰机破碎。刨冰机上装有几根铁齿，可将冰刨削得很细。刨的方法是顺着冰面方向操作，否则将冰弄碎就难以把冰刨细。

（2）将刨成粗砂糖状的冰和盐，以每次少量交替放入保温瓶中，这时冰会冻结成块，因此搅动时注意不要将瓶打破。

（3）通常实验室干燥用的氯化钙是无水氯化钙，溶于水会放出大量热，所以不能用作制冷剂。若将无水氯化钙与等量水加热溶解，冷却至30℃下，则得到含六分子结晶水的盐($CaCl_2 \cdot 6H_2O$)，可将其捣碎后使用。

（4）用盐和冰做制冷剂时，其最低制冷温度如表1-5所示。可是，由于不能充分混合，要达到表中所列温度是困难的。另外，使用氯化钙时，若用0℃的冰和室温的盐相混合，充其量也只能达到−20℃。

表1-5 冰和盐的配比及最低温度

盐的类别	冰的质量分数/%	盐的质量分数/%	最低温度/℃
NH_4Cl	80	20	−15.4
NaCl	75.2	24.8	−21.3
$CaCl_2 \cdot 6H_2O$	41.2	58.8	−54.9

2）干冰和有机溶剂

（1）将干冰放入坚固的浅木箱中，用木槌捣碎。手上稍微接触点干冰，虽然不致引起冻伤，但还是戴上手套操作较安全。将捣碎的干冰装至杜瓦瓶内2/3处，逐次加入少量有机溶剂，并用木棒很快搅拌成粥状。请注意，如溶剂一次加入很多时，由于干冰的气化会把溶剂溅出。

（2）这种制冷剂的制冷温度，随溶剂而有所不同，见表1-6所示。使用这种制冷剂时，干冰会气化跑掉，如随时加以补充，理应可以使用很长时间，但实际上由于干冰本身就含有相当多的水分，而且还有空气中的水进入，使溶剂中的水分增加，最终使溶剂变成黏饴状而难以使用。

表1-6 干冰在不同有机溶剂中的温度 ℃

溶剂	最低温度	溶剂	最低温度
乙醇	−86	丙酮	−86
乙醚	−77		

1.8 纯水的制备

在化学实验中，任务及要求不同时，对水的纯度要求也不同。对于一般的分析工作，采用去离子水和蒸馏水即可。而对于超纯物质分析，则要求纯度较高的“高纯水”。由于空气中的 CO_2 可溶于水中，故纯水的 pH 常小于 7.0，一般为 6～7。

制备纯水的方法不同，带来杂质的情况也不同。

1) 蒸馏水

将自来水在蒸馏装置中加热汽化，再将蒸汽冷却得到蒸馏水。目前使用的蒸馏器的材质有玻璃、石英和不锈钢等，蒸馏法只能除去水中非挥发性的杂质，而溶解在水中的气体等杂质并不能除去，可能会带入金属离子。

2) 去离子水

用离子交换法制取的纯水称为去离子水，目前多采用阴、阳离子交换树脂的混合交换柱装置来制备。此法的优点是制备的水量大，成本低，除去离子的能力强。缺点是设备及操作较复杂，不能除去非离子型杂质，常含有微量的有机物。

1.9 试纸的使用

1. 试纸的种类

1) 石蕊试纸和酚酞试纸

石蕊试纸有红色和蓝色两种。石蕊试纸、酚酞试纸用来定性检验实验溶液的酸碱性。

2) pH 试纸

pH 试纸包括广泛 pH 试纸和精密 pH 试纸两类，用来检验溶液的 pH。广泛 pH 试纸的变色范围是 1～14，它只能粗略估计溶液的 pH。精密 pH 试纸可以较精确地估计溶液的 pH，根据其变色范围可分为多种。如变色范围为 3.8～5.4、8.2～10 等。根据待测溶液的酸碱性，可选用某一变色范围的试纸。

3) 碘化钾-淀粉试纸

用来定性检验氧化性气体，如 Cl_2、Br_2 等。当氧化性气体遇到湿的试纸后，试纸上的 I^- 被氧化成 I_2，I_2 立即使试纸上的淀粉变蓝。如气体氧化性强，而且浓度大时，还可以进一步将 I_2 氧化成无色 IO_3^-，使蓝色褪去。可见，使用时必须仔细观察试纸颜色的变化，否则会得出错误的结论。

4）醋酸铅试纸

用来定性检验硫化氢气体。当含有 S^{2-} 的溶液被酸化时，逸出的硫化氢气体遇到试纸后，即与纸上的醋酸铅反应，生成黑色的硫化铅沉淀，使试纸呈褐黑色。当溶液中 S^{2-} 浓度较小时，则不易检验出。

2. 试纸的使用

1）石蕊试纸和酚酞试纸

用镊子取小块试纸放在表面皿边缘或点滴板上，用玻璃棒将待测溶液搅拌均匀，然后用玻璃棒末端蘸少许溶液接触试纸，观察试纸颜色的变化，确定溶液的酸碱性。切勿将试纸浸入溶液中，以免弄脏溶液。

2）pH 试纸

用法同石蕊试纸。待试纸变色后，与色阶板比较，确定 pH 或 pH 的范围。

3）碘化钾-淀粉试纸和醋酸铅试纸

将小块试纸用去离子水润湿后放在试管口，需注意不要使试纸直接接触溶液。使用试纸时，要注意节约，除把试纸剪成小块外，用时不要多取。取用后，马上盖好瓶盖，以免试纸沾污。用后的试纸丢弃在垃圾桶内，不能丢在水槽内。

3. 试纸的制备

1）酚酞试纸(白色)

溶解 1g 酚酞在 100mL 乙醇中，加入 100mL 去离子水，将滤纸浸渍后，放在无氨蒸气处晾干。

2）碘化钾-淀粉试纸(白色)

把 3g 淀粉和 25mL 水搅匀，倾入 225mL 沸水中，加入 1g 碘化钾和 1g 无水碳酸钠，再用水稀释至 500mL，将滤纸浸泡后，取出放在无氧化性气体处晾干。

3）醋酸铅试纸(白色)

将滤纸浸入 3%醋酸铅溶液中浸渍后，放在无硫化氢气体处晾干。

1.10 化学实验的要求

(1) 实验前，必须认真预习，写预习报告。领会实验原理，了解实验步骤和注意事项。

(2) 实验中，要仔细观察现象，如实记录，积极探讨实验问题，保持实验室安静。

(3) 实验后，独立完成实验报告，把对实验的看法和见解整理到实验报告中。

(4) 欲增加或改变实验内容,需事先征得教师同意。

(5) 损坏了仪器、设备,必须立即向教师报告。

(6) 发生事故,要保持镇定,迅速切断电源,保护现场,并向教师报告。

(7) 实验结束,将仪器洗刷干净,并将实验用品整理好,检查水、电、煤气等是否关闭。

(8) 认真值日,仪器摆放整齐,不乱扔废纸杂物,保持实验室卫生整洁。

第2章 基本操作实验

实验1 玻璃加工操作和灯的使用

化学实验室内很多仪器都是由玻璃制作的,掌握一些简单玻璃加工工艺对于我们了解玻璃仪器的性质是很有帮助的。事实上,在没有规范的玻璃加工厂家的时候,很多科学家都有一身不俗的玻璃加工手艺,这使得他们可以自由地制作自己设计的仪器。

1. 实验目的

(1) 掌握酒精喷灯的使用方法。

(2) 掌握玻璃管的截断、熔平、弯曲、拉细等基本操作。

2. 仪器和药品

酒精喷灯,三角锉,石棉网,玻璃管,玻璃棒。

3. 实验原理

1) 加热工具

(1) 酒精灯:加热温度通常在400~500℃。

① 酒精灯的使用方法如图2-1所示。

② 用漏斗将做燃料的酒精加入酒精灯。将火柴从侧面移近点燃酒精灯。使用过程中,酒精低于三分之一灯壶则需补充,但切忌燃着时用漏斗补灌酒精。

③ 燃烧时火焰不发嘶嘶声,使用火焰上部加热。

(2) 煤气灯:加热温度通常在800~1 000℃。

① 煤气灯的构造如图2-2所示。

② 当空气和煤气的进入量调节不合适时,会产生不正常火焰,如图2-3所示。当煤气和空气进入量都很大时,产生临空火焰。当空气进入量很大而煤气量很小时,产生侵入火焰。

(3) 座式酒精喷灯:加热温度通常在900~1 200℃。

① 座式酒精喷灯的构造如图2-4所示。

② 使用方法。

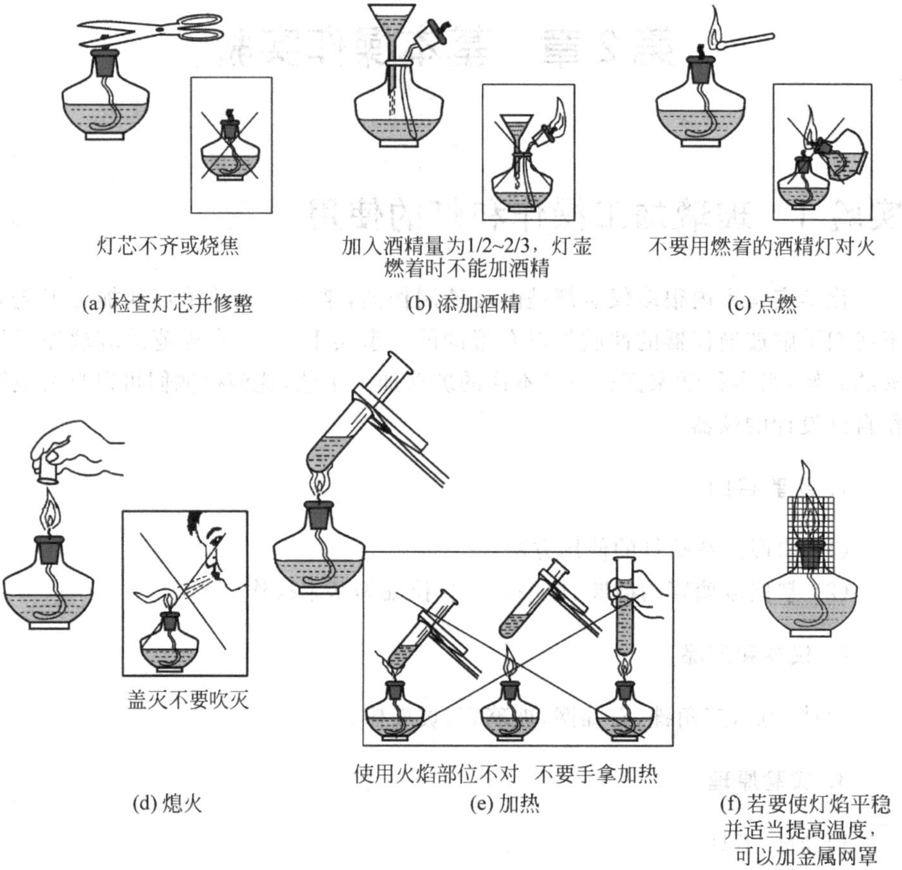

图 2-1 酒精灯的使用方法

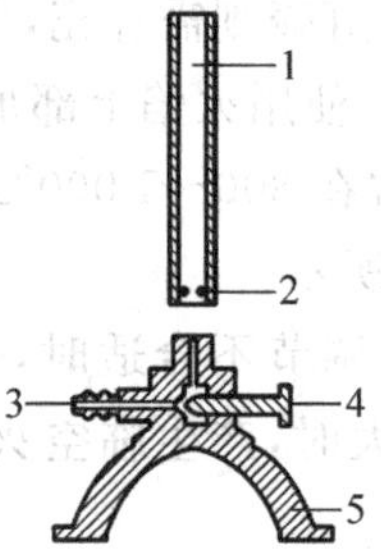

图 2-2 煤气灯构造

1—灯管；2—空气入口；3—煤气入口；4—针阀；5—灯座

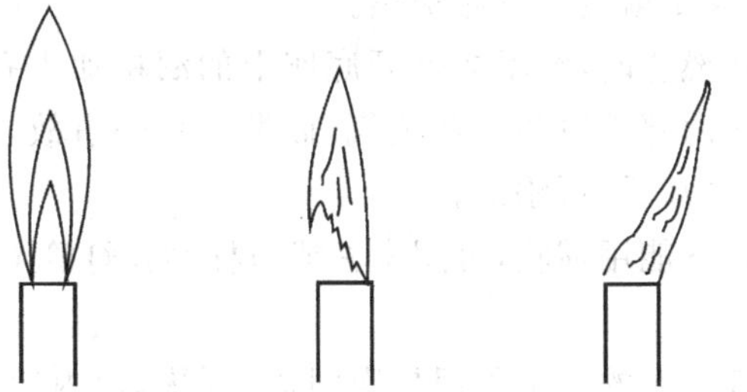

图 2-3　三种灯焰

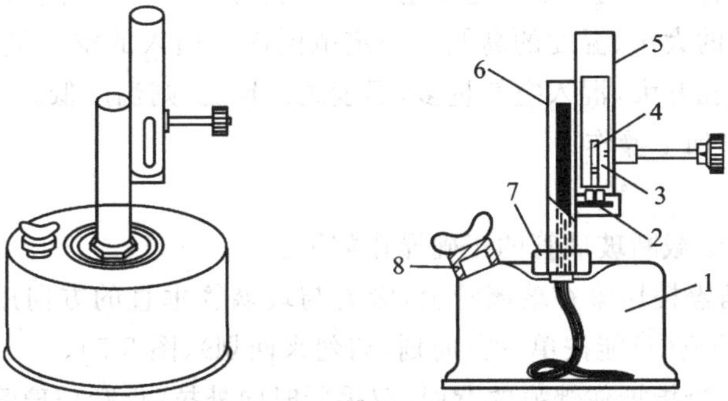

图 2-4　座式酒精喷灯

1—灯身；2—喷口；3—空气调节器；4—空气入孔；
5—灯管；6—灯芯管；7—预热盘；8—酒精加入孔

向座式酒精喷灯加入酒精时，先拧开底座上酒精加入孔的螺旋盖，通过漏斗注入酒精。加入过多，在点火时容易喷出未汽化的酒精；加入过少，容易烧焦灯芯。加完酒精后，应将螺旋盖拧紧，保证不漏气。

点燃酒精喷灯时需先向预热盘内注入酒精、点燃，用以加热灯芯管(此时最好把进空气孔调节到最小)，当灯芯管内的酒精受热汽化后，即从喷口喷出(必要时可用探针疏通喷孔)，此预热盘内酒精燃烧的火焰可把灯管口喷出的酒精蒸气引燃，也可以用火柴在灯管口将蒸气点燃。然后移动空气调节器，加大进气量，使火焰达到所需要的程度。点燃后，如果在灯管内部形成火焰，这是酒精蒸气量不足所致，应先将火熄灭，待蒸气量充足后，再在灯管口点燃。

酒精喷灯使用时间过长，灯身的温度逐渐升高，甚至达到酒精的沸点，这就会导致底座内的酒精大量汽化，从而造成灯身内部压强过大，有可能发生灯身迸裂的危险。为了防止事故发生，当底座变热时，应该用浸湿了冷水的抹布将底座包住，以便降温。

底座内的酒精不得耗尽，一般在酒精储量少于底座容量 1/4 时，就应该停止燃烧。否则，酒精耗尽就会把灯芯烧焦。

当酒精灯正在燃烧时，绝不能打开底座上的酒精加入孔添加酒精。因为这样做很容易引燃从内部扩散的酒精蒸气，而发生意外事故。添加酒精时必须先停止燃烧，待灯身冷却后，再添加。

熄灭酒精喷灯不能用嘴吹，可用木板或石棉网在灯管上盖灭。

③ 工作原理。

座式酒精喷灯工作的基本原理是当凹槽（预热盘）内酒精燃烧时，灯芯管受热，灯芯上所吸收的酒精汽化后从喷口排出。具有一定压强的酒精蒸气向上喷射时，由于造成附近局部压强减小（根据伯努利原理）而从空气入口混进了适量的空气。当灯管内充满了混有适量空气的酒精蒸气时，用火点燃就能在灯管燃烧。喷灯火焰的大小、温度的高低在一定范围内与通入的空气量有关。把空气调节器的进气孔开大，混入空气量多，温度高。反之，则温度低。

2）玻璃管加工操作

（1）截

刻痕拉折法截断玻璃管的正确操作如下。

① 将三角锉棱压紧在玻璃管上，沿着与玻璃管垂直的方向用力向内（或向外）划出一道凹痕（只能按单一方向划，切勿来回划）（图 2-5）。

② 双手大拇指抵住锉痕的背面，双手同时向外拉，折断玻璃管（图 2-6）。

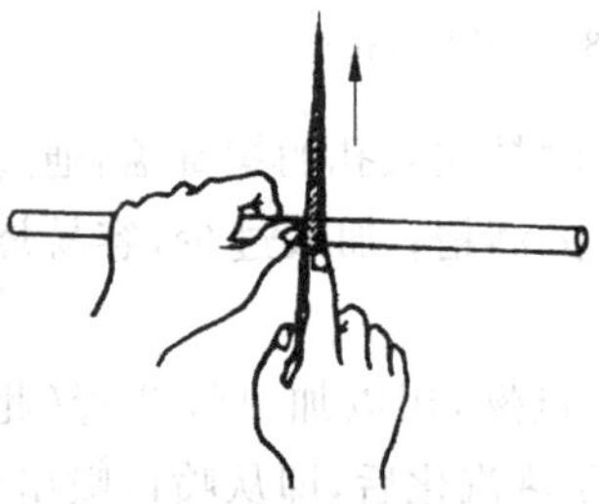

图 2-5　在玻璃管上划痕

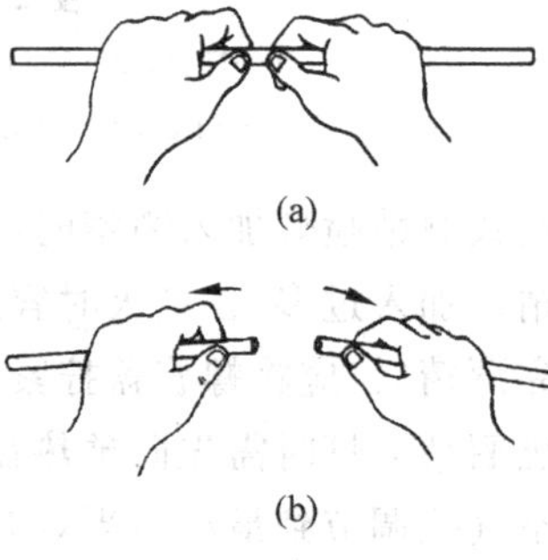

图 2-6　截断玻璃管

（2）熔

熔就是将玻璃棒或玻璃管的断面熔平，它的正确操作如图 2-7 所示。

① 把玻璃棒一端或玻璃管断面放在氧化焰中熔化变软。

② 不断旋转玻璃棒或玻璃管，使它熔融均匀。

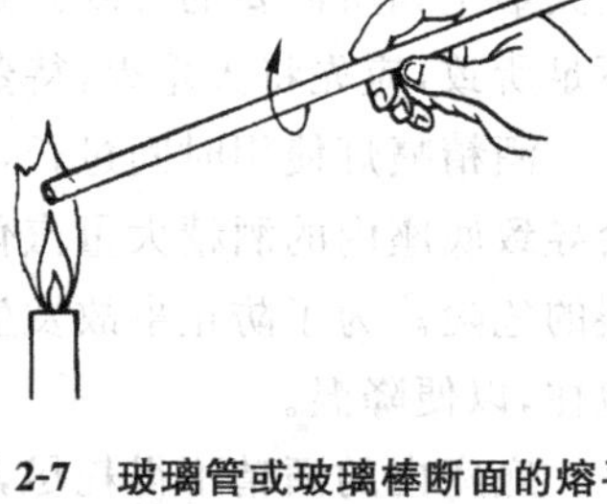

图 2-7　玻璃管或玻璃棒断面的熔平

③ 将玻璃棒或玻璃管离开火焰，让它自然冷却。

(3) 拉

拉就是把玻璃管拉伸，制成滴管和毛细管等。拉制玻璃管的正确操作如下。

① 双手成 45°角持玻璃管，在火焰上双手同步转动玻璃管，使它均匀受热(图 2-8(a))。

② 将受热均匀的玻璃管从火焰上取出，继续边旋转边慢慢拉伸(图 2-8(b))。

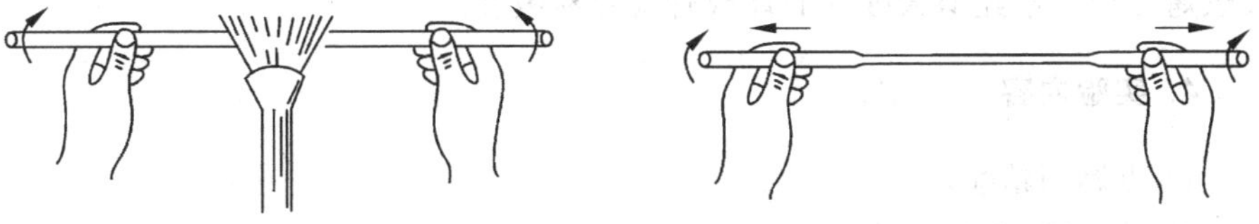

(a) (b)

图 2-8 玻璃管的拉伸

(4) 弯

弯曲玻璃管，制成各种形状的导管，如直角导管、锐角导管和钝角导管。常用的方法有直接弯曲法(图 2-9)、装填物弯曲法(图 2-10)和吹气弯曲法(图 2-11)。

图 2-9 直接弯曲法

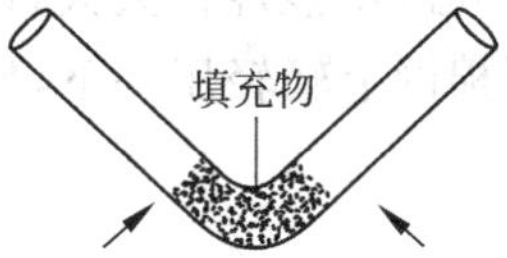

图 2-10 装填物弯曲法

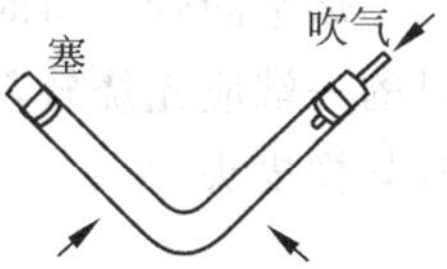

图 2-11 吹气弯曲法

双手成 45°角斜持玻璃管在喷灯火焰上加热，开始加热时，一边双手同步旋转玻璃管，一边在所要弯曲点左右移动预热玻璃管，而后集中加热弯曲点，直至加热到玻璃管软化。注意过程中应双手同步旋转玻璃管，使其均匀受热。然后从喷灯火焰上取出玻璃管慢慢弯曲。弯曲 120°以上的角度，可以一次弯成。弯曲较小角度时可分几次弯成：先弯成较大角度，然后在第一次受热部位的稍偏左或偏右处进行第二次加热和弯曲，直到弯成所需的角度为止。

装填物弯曲法就是向管内要弯曲的部位塞入一小团玻璃丝、细沙或干燥的细食盐，再按直接弯曲法弯曲。

吹气弯曲法是给玻璃管配上塞子或用棉花堵口，加热要弯曲的部位，并转动玻璃管，到管子红软时开始弯曲，边弯曲边稍吹气，使玻璃管弯曲圆滑。

在弯曲加热的过程中要防止过度软化，以避免出现偏歪现象。加热时不宜使玻璃管太软，加热至能够弯曲即可(低于拉管温度)，以保证弯曲成型玻璃管在同一平面上。

弯好后把玻璃管放在石棉网上冷却，检查角度是否准确，弯曲处是否平整，粗细是否均匀，整个玻璃管是否在同一平面上。如果不在同一平面上，要再对弯曲处进行加热修正。若弯管内侧凹陷，则要将凹进去的部位在火焰中烧软，然后迅速用手或塞子封住弯管的一端，用嘴从另一端向管内吹气，直到凹进去的部位变得光滑为止。

弯曲后的玻璃管，应及时进行退火处理，方法是将玻璃管放在弱火焰中加热或烘烤片刻。不经退火处理的玻璃管很容易破裂。

4. 实验内容

1）点燃酒精喷灯

2）玻璃管、玻璃棒的加工

（1）截断长 10～20cm 的玻璃管并熔平。

（2）截断长约 20cm 的玻璃棒并熔平。

（3）将玻璃管弯成 120°、90°等角度。弯好后整个玻璃管要在同一平面上。

（4）将玻璃管拉细，拉细后的玻璃管要与原来的玻璃管在同一轴上。然后做成滴管、毛细管或熔点管。

熔平滴管小口时要特别小心，不能烧得太久，以免管口收缩，甚至封死。大口的一端应先烧软，然后在石棉网上轻轻压一下，使管口变厚并略向外翻，便于套紧橡皮头。

5. 思考题

（1）进行玻璃管的截断、熔平、弯曲、拉细等操作时，各应注意哪些问题？

（2）如何避免截断玻璃管（棒）时断面不平整？

（3）如何避免弯曲玻璃管出现凹瘪？

实验 2　天平的使用方法

天平作为一种计量工具，在化学史上有着非常重要的地位。很多科学发现都是建立在精确测量的基础上的。比如众所周知稀有气体的发现，是英国科学家雷利在反复多次测量从空气中和从氮化合物中获得的氮气的密度后，发现它们有细微的差别，并且没有将其忽视，从而发现了稀有气体。可见精确的测量是十分重要的。

1. 实验目的

（1）了解天平的基本原理。

(2) 学会正确使用天平。

2. 仪器和药品

分析天平，台秤，称量瓶，小烧杯(100mL)，铝块，$H_2C_2O_4 \cdot 2H_2O$(分析纯)，角匙，硫酸纸。

3. 实验内容

1) 熟悉天平的原理和构造

任何天平都是根据杠杆平衡原理设计的。根据量程和精度等要求，天平分为光电天平、电子天平和台秤等。

2) 称量注意事项

(1) 称量固体药品要放在称量用纸或者表面皿上，不能直接放在托盘上。潮湿或具有腐蚀性的药品，则要放在玻璃器皿中。

(2) 不能称量热的物质。

(3) 称量完毕后，应把砝码放回砝码盒中，并把标尺上的游码移至刻度“0”处，使天平各部分恢复原状。

(4) 应保持天平的整洁。

3) 称量方法

(1) 直接称量方法：用天平称量固体试样，一般常用直接法。对于没有吸湿性、在空气中稳定的试样，可用直接法称量。称量时把试样放在天平左盘中已经称量过的硫酸纸上或其他容器中，在右盘中按所称试样质量加好砝码，并用角匙将试样逐渐加减到天平平衡为止。

(2) 差减称量方法：对于易吸水或在空气中不稳定的试样，可使用称量瓶用减重法称量。差减法称量示意如图 2-12 所示。

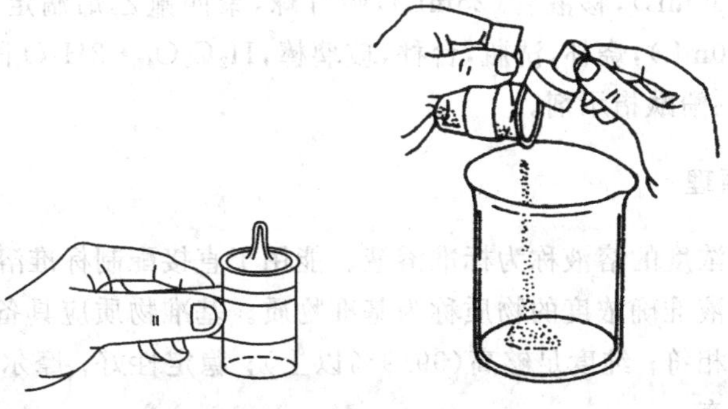

图 2-12　差减法称量示意图

用电子天平称量时，先将一块硫酸纸放在天平盘上，达到平衡后“消零”，再将欲称量的试样放在硫酸纸上，平衡后直接读出试样的质量。

4）称取草酸

（1）计算出配制 250mL 0.1mol·L^{-1}草酸溶液所用 $H_2C_2O_4 \cdot 2H_2O$ 固体的质量。

（2）用减量法称取草酸。向称量瓶中加入数量约为计算量的草酸，在天平上准确称出称量瓶和草酸的总质量。取出称量瓶，把瓶拿到干净的 100mL 烧杯的上方使瓶倾斜，用称量瓶盖轻敲瓶口的上部，使草酸慢慢落入烧杯中，当全部草酸倒出时（不必倒净），将瓶竖起，再用瓶盖轻敲瓶口上部，使沾在瓶口的草酸落入称量瓶中。再次进行称量，两次之差即是草酸的质量。

4. 思考题

（1）光电分析天平在工作与非工作状态下，应保护的关键部件是什么？

（2）用电子天平称量时应注意什么？

实验 3　溶液的配制与酸碱滴定

1. 实验目的

（1）熟练掌握配制溶液的基本方法。

（2）掌握移液管、容量瓶、滴定管的使用方法。

（3）练习滴定操作，学会正确判断滴定终点。

2. 仪器和药品

容量瓶（250mL），移液管（25mL），吸耳球，聚四氟乙烯滴定管或碱式滴定管，锥形瓶（250mL），烧杯，洗瓶，台秤，玻璃棒，$H_2C_2O_4 \cdot 2H_2O$ 固体，NaOH 固体，冰醋酸，1%酚酞指示剂。

3. 实验原理

已知准确浓度的溶液称为标准溶液。能用于直接配制标准溶液或用来确定（标定）某一溶液准确浓度的物质称为基准物质。基准物质应具备的条件：组成与化学式完全相符；纯度足够高（99.9%以上）；稳定性好；摩尔质量较大。常用的基准试剂有：

（1）邻苯二甲酸氢钾（$KHC_8H_4O_4$，相对分子质量：204.21），含有可与 OH^- 作用的 H^+，用于标定碱的浓度，实验前应于 383K 左右烘干 1h。

$$KHC_8H_4O_4 + NaOH \longrightarrow NaKC_8H_4O_4 + H_2O$$

(2) 草酸($H_2C_2O_4 \cdot 2H_2O$,相对分子质量：126.07),固体状态比较稳定,溶液状态稳定性较差。

$$H_2C_2O_4 + 2NaOH \longrightarrow Na_2C_2O_4 + 2H_2O$$

(3) 硼砂($Na_2B_4O_7 \cdot 10H_2O$,相对分子质量：381.24),用于标定酸的浓度。

$$Na_2B_4O_7 + 2HCl + 5H_2O \longrightarrow 4H_3BO_3 + 2NaCl$$

配制标准溶液的方法有两种。

(1) 直接法：用分析天平准确称取一定量的基准物质于烧杯中,加入适量的去离子水溶解后,转入容量瓶,用去离子水稀释至刻度,摇匀。其准确浓度可由称量数据及稀释体积求得。

(2) 标定法：不符合基准试剂条件的物质,不能用直接法配制标准溶液,但可先配成近似于所需浓度的溶液,然后用基准物或已知准确浓度的标准溶液标定它的浓度。

强碱滴定强酸时,用变色点在弱碱性范围的指示剂(如酚酞)或变色点在弱酸性范围的指示剂(如甲基橙)均可；用强碱滴定弱酸时常采用变色点在弱碱性范围的指示剂；而用强酸滴定弱碱时常采用变色点在弱酸性范围的指示剂。选择滴定顺序时要考虑到是否便于颜色的观察。如酚酞在酸性条件下为无色,碱性条件下为红色,以酚酞做指示剂用碱滴定酸时颜色由无色变到红色,滴定终点很容易判断；而用酸滴定碱时则溶液由红色逐渐变为无色,滴定终点很难判断。

一般滴定次数为三次,其中应至少有两次滴定数据平行,即消耗的溶液体积之差不超过 0.05mL。

本实验以酚酞做指示剂,以草酸做基准物配成标准溶液来标定氢氧化钠溶液,再由氢氧化钠溶液滴定醋酸溶液。

4. 实验内容

1) 溶液的配制

(1) 配制 $0.05mol \cdot L^{-1}$草酸标准溶液

用差减称量法(见天平的使用方法实验)在天平上准确称取 1.5～1.7g 草酸($H_2C_2O_4 \cdot 2H_2O$),倒入小烧杯中,加少量去离子水溶解(若一次加水不能溶解,则先将上部溶液转入容量瓶中,再加少量水溶解,直至草酸全部溶解。注意溶解草酸用水总量应控制在 150mL 以内)。溶液转入 250mL 容量瓶中,烧杯、玻璃棒用少量去离子水洗,洗涤液转入容量瓶中,共需洗涤 3～4 次。加去离子水至容量瓶的刻线,摇匀。

(2) 配制 0.1mol・L^{-1}NaOH 溶液

用小烧杯在台秤上称量约 1g NaOH 固体(NaOH 有腐蚀性,易吸潮,称量时应尽量快,不要撒落),转入 500mL 大烧杯中,加入 250mL 去离子水搅拌溶解,备用。

2) NaOH 溶液浓度的标定

(1) 把洗净的碱式滴定管用已配好的 NaOH 溶液 3~5mL 润洗三次,然后加入 NaOH 溶液,赶走气泡,调节液面在 0.00 刻度。

(2) 将洗净的 25mL 移液管用少量草酸溶液润洗三次。

(3) 用移液管取 25mL 标准草酸溶液放入干净的 250mL 锥形瓶中,加入 2~3 滴酚酞指示剂,摇匀。

(4) 用 NaOH 溶液滴定锥形瓶中的草酸,同时右手持锥形瓶沿同一方向做圆周摇动,使溶液混合均匀。开始滴定时,液体滴出速度可快一些,但应成滴而不成流。碱溶液滴入草酸中溶液局部出现粉红色,随着锥形瓶的摇动颜色很快消失。当接近终点时,颜色消失较慢,这时应逐滴滴加溶液,摇匀后由溶液颜色变化再决定是否滴加溶液。当溶液颜色消失很慢时,每次滴入半滴溶液,并用洗瓶冲下摇匀。滴定至溶液的红色在 30s 不褪色,即为终点。记下消耗碱液的体积。

(5) 再取一份 25mL 标准草酸溶液重复上述滴定操作,滴定三次,计算氢氧化钠溶液的浓度。

3) 醋酸溶液浓度的测定

教师给同学配一份未知浓度的(约 0.1mol・L^{-1})醋酸溶液,可以作为实验操作的考核。

(1) 将洗净的 25mL 移液管用少量 HAc 溶液润洗三次。

(2) 移取 25mL 配制好的 HAc 溶液于锥形瓶中,加 2 滴酚酞指示剂摇匀,用 NaOH 溶液进行滴定,记下消耗碱的体积。至少滴定 3 次,保证有 2 次滴定数据平行。

(3) 计算醋酸溶液的浓度。

5. 实验数据处理

(1) 草酸浓度的计算

$m(H_2C_2O_4 \cdot 2H_2O)/g$:

$c(H_2C_2O_4)/(mol \cdot L^{-1})$:

(2) NaOH 溶液浓度的标定

表 2-1　NaOH 溶液浓度的标定

实验序号	1	2	3
$c(H_2C_2O_4)/(mol \cdot L^{-1})$			
$V(H_2C_2O_4)/mL$			
$V(NaOH)/mL$			
$c(NaOH)/(mol \cdot L^{-1})$			
NaOH 溶液平均浓度/$(mol \cdot L^{-1})$			

(3) HAc 溶液浓度的测定

表 2-2　HAc 溶液浓度的测定

实验序号	1	2	3
$c(NaOH)/(mol \cdot L^{-1})$			
$V(NaOH)/mL$			
$V(HAc)/mL$			
$c(HAc)/(mol \cdot L^{-1})$			
HAc 溶液平均浓度/$(mol \cdot L^{-1})$			

6. 思考题

(1) 滴定管和移液管为什么要用被量取溶液润洗？锥形瓶是否要用被量取溶液润洗？

(2) 接近滴定终点时，为什么用去离子水冲洗锥形瓶内壁？

(3) 滴定管装入溶液后没有将下端尖嘴内气泡赶尽就读取液面读数，对实验结果有何影响？

(4) 为什么氢氧化钠不能够直接配成标准溶液使用？

(5) 滴定管在第一次滴定后，直接继续进行第二次滴定，是否可以？为什么？

(6) 以下情况对实验结果是否有影响？

①滴定过程中向锥形瓶中加入少量去离子水；②滴定完成后滴定管的尖嘴外还留有液滴。

实验 4　缓冲溶液和盐的水解

人体中有很多缓冲体系，通过缓冲溶液可保持人体体液 pH 的相对稳定。生物体中适宜的 pH 范围是很窄的，如动脉血液的正常 pH 为 7.45，小于 6.8 或大于 8.0 时，只要几秒钟就会导致死亡。H^+ 浓度偏高(pH 偏低)会引起中枢神经系统的抑郁症，H^+浓度偏低（pH偏高）会导致兴奋。任何生物体内都有一套复杂的缓冲系统，而且往往越高等的生物，其缓冲系统越复杂，这使得它们可以生活于更复杂的环境中，而正是由于许许多多的缓冲对的存在，才保持了它们体内环境的相对稳定。比如肾液、唾液（$H_2CO_3-HCO_3^-$）、尿液（$H_2PO_4^- - HPO_4^{2-}$，$NH_3-NH_4^+$）等。

常用的缓冲剂有邻苯二甲酸氢钾（pH＝4.00）、混合磷酸盐（pH＝6.86）、四硼酸钠（pH＝9.18）。

1. 实验目的

(1) 掌握试管、滴瓶、pH试纸、离心机的使用。

(2) 掌握缓冲溶液的配制和性质。

(3) 了解盐的水解。

2. 仪器和药品

酸度计，精密pH试纸，试管，烧杯，量筒，HAc(0.1mol·L^{-1})，NH_4Ac(0.1mol·L^{-1})，$NaHCO_3$(0.1mol·L^{-1})，Na_2CO_3(0.1mol·L^{-1})，Na_2S(0.1mol·L^{-1})，NaH_2PO_4(0.1mol·L^{-1})，Na_2HPO_4(0.1mol·L^{-1})，Na_3PO_4(0.1mol·L^{-1})，HCl(0.1mol·L^{-1})，NaOH(0.1mol·L^{-1}，6mol·L^{-1})，HNO_3(2mol·L^{-1}，浓)，$NH_3·H_2O$(0.1mol·L^{-1}，2mol·L^{-1})，NH_4Cl(0.1mol·L^{-1}，固体)，NaAc(0.1mol·L^{-1}，饱和溶液，固体)，锌粒，酚酞，甲基橙，$SbCl_3$固体，$Fe(NO_3)_3·9H_2O$固体。

3. 实验内容

1) 比较强酸和弱酸的酸性

(1) 醋酸和盐酸的酸性比较

分别使用广泛pH试纸和酸度计测定0.1mol·L^{-1} HCl和0.1mol·L^{-1} HAc溶液的pH，将测定结果与计算值进行比较。酸度计的使用方法见附录D。

(2) 强酸和弱酸与金属反应速率比较

在两支试管中分别加入少量0.1mol·L^{-1} HCl和0.1mol·L^{-1} HAc溶液，各加一粒锌粒，水浴加热，观察两支试管中的反应情况。

由实验结果比较HCl和HAc溶液的酸性并说明原因。

2) 同离子效应

(1) 在两支试管中各加几滴0.1mol·L^{-1}氨水和1滴酚酞指示剂，观察溶液的颜色。在其中一支加入少量NH_4Cl固体，摇匀，观察溶液的颜色变化，解释原因。

(2) 在两支试管中各加入几滴 0.1mol·L^{-1} HAc 溶液和 1 滴甲基橙指示剂，观察溶液的颜色。在其中一支加入少量 NaAc 固体，摇匀，观察溶液的颜色变化，解释原因。

3) 缓冲溶液的性质

(1) 缓冲溶液的配制

先配制下列三种缓冲溶液各 10mL，用精密 pH 试纸测定各缓冲溶液的 pH 并填入表 2-3 中。

表 2-3 缓冲溶液的配制和 pH

编 号	A	B	C	H_2O
缓冲溶液	HAc—NaAc	NaH_2PO_4—Na_2HPO_4	$NH_3\cdot H_2O$—NH_4Cl	
理论 pH				
实测 pH				
0.1mol·L^{-1} HCl 的 pH				
0.1mol·L^{-1} NaOH 的 pH				

(2) 缓冲溶液的性质

① 缓冲溶液对强酸的缓冲作用：在 4 支试管中分别加入 2mL 已配制的缓冲溶液 A、B、C、水，然后各加入1 滴 0.1mol·L^{-1} HCl 溶液，测定溶液的 pH。根据 pH 测定结果说明缓冲溶液的缓冲作用。

② 缓冲溶液对强碱的缓冲作用：将实验(1)中的 HCl 溶液换成 NaOH 溶液进行实验。结果如何？

(3) 酸式盐的缓冲作用

在两支小试管中加 1mL 0.1mol·L^{-1} $NaHCO_3$ 溶液，测定溶液的 pH。向其中一支试管中加 1 滴 0.1mol·L^{-1} HCl 溶液，用精密 pH 试纸测定溶液的 pH；向另一支试管中加 1 滴 0.1mol·L^{-1} NaOH 溶液，用精密 pH 试纸测定溶液的 pH。对实验结果加以解释。

4) 盐的水解

(1) 用精密 pH 试纸测定下列各溶液(均为 0.1mol·L^{-1})的 pH，并与计算值进行比较。

NH_4Cl，NH_4Ac，$NaHCO_3$，Na_2CO_3，Na_2S，NaH_2PO_4，Na_2HPO_4，Na_3PO_4。

(2) 取少量 $Fe(NO_3)_3\cdot 9H_2O$ 加水溶解，将溶液分为三份。第一份留作比较，第二份加入几滴稀 HNO_3，第三份水浴加热。比较三份溶液的颜色，说明原因。

(3) 取小米粒大小的 $SbCl_3$ 固体于试管中，加入 2mL 水，摇匀，观察现象，用 pH 试纸测定溶液的 pH。将试管边振荡边滴加浓 HNO_3 至沉淀恰好完全溶解为止，将溶液倒入盛去离子水的烧杯中，观察实验现象，说明原因。

(4) 向盛有少量 $FeCl_3$ 溶液的试管中滴加 Na_2CO_3 溶液，离心分离，洗净沉淀后设法鉴定沉淀是氢氧化物还是碳酸盐。

4. 思考题

(1) 为什么 $FeCl_3$ 溶液与 Na_2CO_3 反应产物和 $CaCl_2$ 溶液与 Na_2CO_3 反应产物不同？

(2) 为什么 NaH_2PO_4 溶液显弱酸性，Na_2HPO_4 溶液显弱碱性，而 Na_3PO_4 溶液碱性较强？

实验5 常见阴、阳离子的鉴定方法

Ⅰ 常见无机阴离子的鉴定方法

1. 实验目的

(1) 掌握常见无机阴离子的鉴定反应。

(2) 定性分析鉴定反应的基本操作。

2. 仪器和药品

离心机，离心管，试管，点滴板，滤纸，广泛 pH 试纸，SO_4^{2-}，CO_3^{2-}，PO_4^{3-}，AsO_4^{3-}，AsO_3^{3-}，NO_2^-，NO_3^-，S^{2-}，Cl^-，SCN^-，SO_3^{2-}，$S_2O_3^{2-}$，SiO_3^{2-} 共13种阴离子试液，$2mol \cdot L^{-1}$ HCl，$6mol \cdot L^{-1}$ HCl，$2mol \cdot L^{-1}$ HNO_3，$6mol \cdot L^{-1}$ HNO_3，$2mol \cdot L^{-1}$ H_2SO_4，浓 H_2SO_4，$2mol \cdot L^{-1}$ HAc，$2mol \cdot L^{-1}$ 氨水，$1mol \cdot L^{-1}$ NaAc，$0.1mol \cdot L^{-1}$ $AgNO_3$，银氨试剂，$0.1mol \cdot L^{-1}$ $BaCl_2$，饱和 $Ba(OH)_2$ 溶液，质量分数为10%的 $FeCl_3$ 溶液，硫酸亚铁晶粒，$0.1mol \cdot L^{-1}$ $Pb(Ac)_2$，无砷锌粉，质量分数为10%的 KI-淀粉溶液，Na_2CO_3-酚酞试剂，钼酸铵试剂，质量分数为0.5%的玫瑰红酸钠，α-萘胺，对氨基苯磺酸，$PbCO_3$，饱和 $ZnSO_4$，$0.1mol \cdot L^{-1}$ $K_4[Fe(CN)_6]$溶液，1% $Na_2[Fe(CN)_5NO]$溶液，$0.5mol \cdot L^{-1}$ Na_2SiO_3 溶液，抗坏血酸固体，丙酮，$0.1mol \cdot L^{-1}$ $CoCl_2$。

3. 试剂的配制

(1) 银氨试剂：将 0.17g $AgNO_3$ 溶于 30mL 去离子水中，加 1.7mL 浓氨水，最后用去离子水稀释到 100mL，这溶液含有 $0.01mol \cdot L^{-1}$ $AgNO_3$ 和 $0.25mol \cdot L^{-1}$ NH_3。

(2) 碳酸钠-酚酞试剂：将 1mL 0.05mol・$L^{-1}Na_2CO_3$ 和 2mL 质量分数为 0.5%的酚酞混合，再加入 10mL 去离子水。

(3) 钼酸铵试剂：将 6g 钼酸铵溶于 20mL 3mol・L^{-1} 氨水中，然后把此溶液慢慢加到 80mL4mol・$L^{-1}HNO_3$ 中，同时不断搅拌，静置 24h，取清液使用。

(4) 对氨基苯磺酸：将 0.5g 对氨基苯磺酸溶解在 150mL 2mol・L^{-1}HAc 中。α-萘胺试剂：将 0.3g α-萘胺溶于 20mL 去离子水中并煮沸，在所得溶液中加 150mL 2mol・L^{-1}HAc。

(5) AsO_4^{3-} 配制方法：取 H_3AsO_4 10g 溶于水，加 6mol・L^{-1}NaOH 至溶液中性，稀释至 1L。

4. 实验内容

1) SO_4^{2-} 离子的鉴定

(1) 氯化钡法：SO_4^{2-} 与 Ba^{2+} 反应，生成白色的 $BaSO_4$ 沉淀，不溶于酸。

$$Ba^{2+} + SO_4^{2-} = BaSO_4 \downarrow$$

取 2 滴 SO_4^{2-} 离子试液于试管中，加 2 滴 0.1mol・L^{-1} 的 $BaCl_2$，生成白色沉淀，离心沉降，用毛细滴管吸去清液。然后加入 4 滴 6mol・L^{-1}HCl，搅拌，沉淀不溶解，表示有 SO_4^{2-} 存在。

(2) 玫瑰红酸钠法：Ba^{2+} 与玫瑰红酸钠反应，生成红棕色沉淀，再加入 SO_4^{2-}，由于沉淀转化为白色的 $BaSO_4$ 而使红棕色褪去。

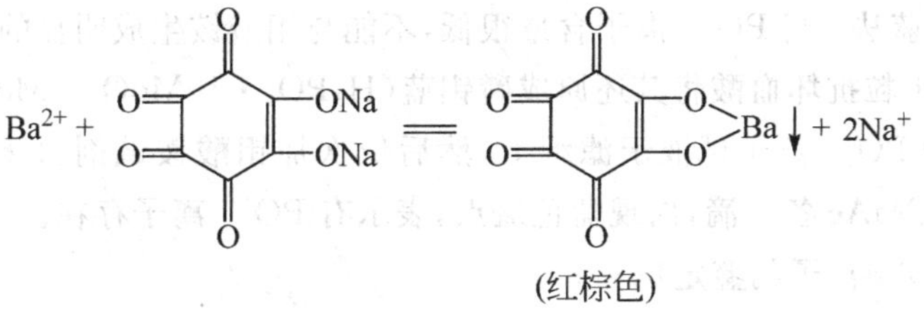

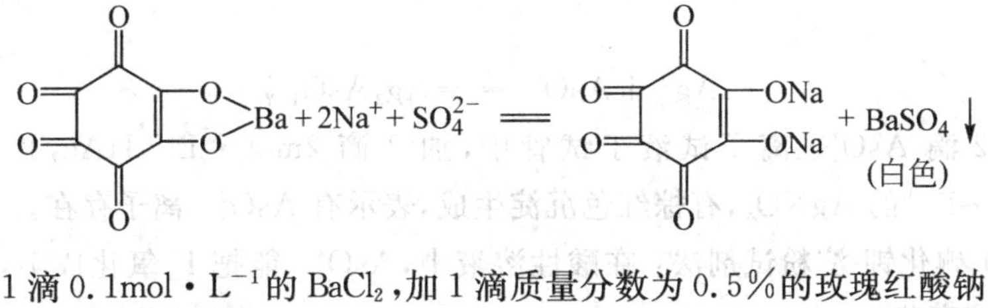

取 1 滴 0.1mol・L^{-1} 的 $BaCl_2$，加 1 滴质量分数为 0.5%的玫瑰红酸钠，产生红棕色沉淀，然后加 2 滴 SO_4^{2-} 离子试液，红棕色褪去，表示有 SO_4^{2-} 离子存在。

2) CO_3^{2-} 离子的鉴定

(1) 氢氧化钡法：CO_3^{2-} 遇酸能放出 CO_2 并使澄清的 $Ba(OH)_2$ 溶液变浑浊。

$$CO_3^{2-} + Ba^{2+} = BaCO_3 \downarrow \text{（白色）}$$

取 5 滴 CO_3^{2-} 离子试液于试管内，加入 5 滴澄清的饱和 $Ba(OH)_2$ 溶液，澄清的 $Ba(OH)_2$ 溶液变浑浊，加 5 滴 $2mol\cdot L^{-1}$ HCl，沉淀溶解，表示有 CO_3^{2-} 离子存在。

(2) 碳酸钠-酚酞试剂法：Na_2CO_3 溶液能使酚酞变红，而 $NaHCO_3$ 溶液不能使酚酞变红。因此，CO_3^{2-} 与酸反应放出 CO_2，CO_2 与 Na_2CO_3 反应生成 $NaHCO_3$ 而使酚酞的红色褪去。

$$CO_3^{2-}+2H^+ = CO_2\uparrow + H_2O$$

$$CO_2+Na_2CO_3+H_2O = 2NaHCO_3$$

取 5 滴 CO_3^{2-} 离子试液于试管内，加 5 滴 $2mol\cdot L^{-1}$ HCl，把 1 滴 Na_2CO_3-酚酞试剂滴在滤纸条上面，立即将红色的滤纸条放入试管口，酚酞的红色退去，表示有 CO_3^{2-} 离子存在。

3) PO_4^{3-} 离子的鉴定

(1) 钼酸铵试剂法：在 HNO_3 存在下，PO_4^{3-} 与 $(NH_4)_2MoO_4$ 反应生成黄色的磷钼酸铵晶形沉淀。

$$PO_4^{3-}+12MoO_4^{2-}+24H^++3NH_4^+ =$$
$$(NH_4)_3PO_4\cdot 12MoO_3(\text{黄色})\downarrow + 12H_2O$$

取 3 滴 PO_4^{3-} 离子试液于试管内，加 8 滴 $6mol\cdot L^{-1}$ HNO_3，再加 10 滴钼酸铵试剂，摇匀，在 40℃的水浴中加热几分钟，用玻璃棒摩擦管壁，有黄色晶形沉淀生成，表示有 PO_4^{3-} 离子存在。

(2) 钼蓝法：当 PO_4^{3-} 离子含量很低，不能与钼酸铵生成明显的磷钼酸铵沉淀时，可加 1 粒抗坏血酸将其还原成磷钼蓝（$H_3PO_4\cdot 10MoO_3\cdot Mo_2O_5$）。

取 1 滴 PO_4^{3-} 离子试液于滤纸上，然后依次加钼酸铵试剂、1 粒抗坏血酸、$1mol\cdot L^{-1}$ NaAc 各 1 滴，出现蓝色斑点，表示有 PO_4^{3-} 离子存在。

4) AsO_4^{3-} 离子的鉴定

(1) 硝酸银法：AsO_4^{3-} 与 Ag^+ 在 HAc 溶液中反应，生成棕红色的 Ag_3AsO_4 沉淀。

$$3Ag^++AsO_4^{3-} = Ag_3AsO_4\downarrow$$

取 2 滴 AsO_4^{3-} 离子试液于试管中，加 2 滴 $2mol\cdot L^{-1}$ HAc，再加 2 滴 $0.1mol\cdot L^{-1}$的 $AgNO_3$，有棕红色沉淀生成，表示有 AsO_4^{3-} 离子存在。

(2) 碘化钾-淀粉试剂法：在酸性溶液中，AsO_4^{3-} 能把 I^- 氧化成 I_2，从而使淀粉溶液变蓝。

$$AsO_4^{3-}+2I^-+2H^+ = AsO_3^{3-}+I_2+H_2O$$

取 2 滴 AsO_4^{3-} 离子试液于试管中，加 5 滴 $2mol\cdot L^{-1}$ H_2SO_4，再加 2 滴质量分数为 10％的 KI-淀粉试剂，溶液变蓝，表示有 AsO_4^{3-} 离子存在。

5) AsO_3^{3-} 离子的鉴定

(1) 硝酸银法：AsO_3^{3-} 与 Ag^+ 在 HAc 溶液中反应，生成黄色的 Ag_3AsO_3 沉淀。

$$3Ag^+ + AsO_3^{3-} = Ag_3AsO_3 \downarrow$$

取 2 滴 AsO_3^{3-} 离子试液于试管中，加 2 滴 $2mol \cdot L^{-1}$ HAc，再加 2 滴 $0.1mol \cdot L^{-1}$ 的 $AgNO_3$，有黄色沉淀生成，表示有 AsO_3^{3-} 离子存在。

(2) 还原为砷化氢(胂)法：AsO_3^{3-} 在强碱性溶液中，可被金属锌还原为 AsH_3，AsH_3 又可把 Ag^+ 还原为灰黑色的金属银。

$$AsO_3^{3-} + 3Zn + 3OH^- = 3ZnO_2^{2-} + AsH_3 \uparrow$$

$$AsH_3 + 6Ag^+ + 3H_2O = H_3AsO_3 + 6Ag \downarrow + 6H^+$$

取 2 滴 AsO_3^{3-} 离子试液于试管中，加 5 滴 $6mol \cdot L^{-1}$NaOH 和少许无砷锌粉，立即在管口上盖上用 $0.1mol \cdot L^{-1}$ 的 $AgNO_3$ 湿润的滤纸，在水浴中加热片刻，滤纸上出现灰黑色斑点，表示有 AsO_3^{3-} 离子存在。(注意 AsH_3 有剧毒，实验应在通风橱或通风良好的地方进行。)

6) NO_2^- 离子的鉴定

(1) 碘化钾-淀粉试剂法：在酸性溶液中，NO_2^- 可将 I^- 氧化成 I_2，从而使淀粉溶液变蓝。

$$2NO_2^- + 2I^- + 4H^+ = I_2 + 2NO \uparrow + 2H_2O$$

在滤纸上先加 1 滴质量分数为 10% 的 KI-淀粉试剂，再加 1 滴 $2mol \cdot L^{-1}$ HAc 和 1 滴 NO_2^- 离子试液，出现蓝色斑点，表示有 NO_2^- 离子存在。

(2) 对氨基苯磺酸-α-萘胺法：在 HAc 溶液中，NO_2^- 能使对氨基苯磺酸重氮化，然后与 α-萘胺作用，生成红色偶氮染料。

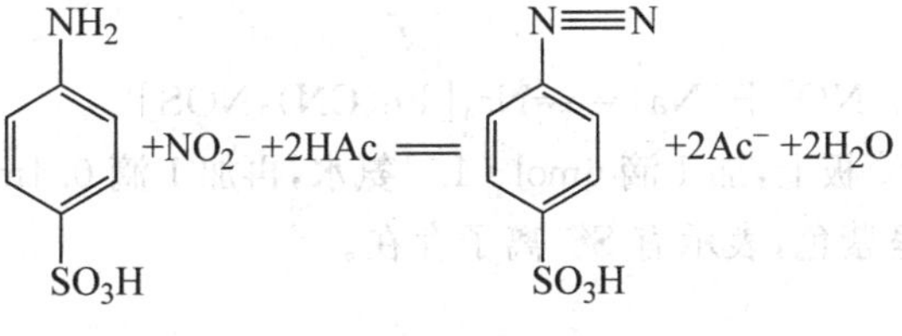

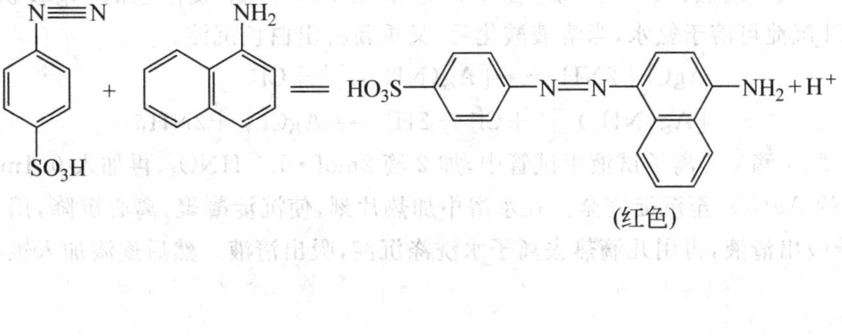

(红色)

取1滴NO_2^-离子试液于点滴板上，加1滴$2mol \cdot L^{-1}$ HAc，再加1滴对氨基苯磺酸和1滴α-萘胺，搅拌，出现红色，表示有NO_2^-离子存在。

7) NO_3^-离子的鉴定

(1) 硫酸亚铁法：在浓H_2SO_4存在下，NO_3^-与$FeSO_4$反应，生成棕色的亚硝酰硫酸亚铁$Fe(NO)SO_4$。

$$NO_3^- + 4FeSO_4 + 2H_2SO_4 = Fe(NO)SO_4(\text{棕色})\downarrow + 3Fe^{3+} + 5SO_4^{2-} + 2H_2O$$

取2滴NO_3^-离子试液于点滴板上，加1颗硫酸亚铁晶粒，然后小心加1滴浓H_2SO_4于晶粒上，在晶粒周围形成一个棕色环，表示有NO_3^-离子存在。

(2) 还原为NO_2^-法：在HAc溶液中，NO_3^-可被金属锌还原为NO_2^-。

$$NO_3^- + Zn + 2HAc = NO_2^- + Zn(Ac)_2\downarrow + H_2O$$

NO_2^-再与对氨基苯磺酸和α-萘胺反应，生成红色偶氮染料（见NO_2^-离子的鉴定）。

取1滴NO_3^-离子试液于点滴板上，加1滴$2mol \cdot L^{-1}$ HAc，再加1滴对氨基苯磺酸和1滴α-萘胺，搅拌，这时不出现红色。加入少许锌粉，即出现红色，表示有NO_3^-离子存在。

8) S^{2-}离子的鉴定

(1) 醋酸铅试纸法：S^{2-}遇酸（不能用HNO_3）能放出H_2S，并使醋酸铅试纸变黑。

$$H_2S + Pb(Ac)_2 = PbS\downarrow(\text{黑色}) + 2HAc$$

取2滴S^{2-}离子试液于试管中，加5滴$6mol \cdot L^{-1}$ HCl，立即在管口上盖上用$0.1mol \cdot L^{-1}Pb(Ac)_2$湿润的滤纸，微热。滤纸上出现黑色斑点，表示有$S^{2-}$离子存在。

(2) 亚硝酰铁氰化钠法：S^{2-}与亚硝酰铁氰化钠在碱性溶液中反应，生成紫色硫化亚硝酰铁氰化钠。

$$S^{2-} + Na_2[Fe(CN)_5NO] + 2Na^+ = Na_4[Fe(CN)_5NOS]$$

取1滴S^{2-}离子试液于点滴板上，加1滴$6mol \cdot L^{-1}$氨水，再加1滴$0.1mol \cdot L^{-1}$的亚硝酰铁氰化钠，溶液呈紫色，表示有S^{2-}离子存在。

9) Cl^-离子的鉴定

银氨试剂法：Cl^-与Ag^+在HNO_3溶液中反应，生成白色的AgCl沉淀。AgCl沉淀可溶于氨水，当溶液酸化后，又重新析出白色沉淀。

$$AgCl + 2NH_3 = [Ag(NH_3)_2]^+ + Cl^-$$

$$[Ag(NH_3)_2]^+ + Cl^- + 2H^+ = AgCl\downarrow + 2NH_4^+$$

取4滴Cl^-离子试液于试管中，加2滴$2mol \cdot L^{-1}HNO_3$，再加入$0.1mol \cdot L^{-1}$的$AgNO_3$至沉淀完全。在水浴中加热片刻，使沉淀凝聚，离心沉降，用毛细滴管吸出清液，再用几滴热去离子水洗涤沉淀，吸出清液。然后逐滴加入银氨试剂至沉淀全部溶解，吸取 2 滴清液于黑点滴板上，加 2 滴 2mol·L^{-1} HNO_3 酸化，重新析出白色沉淀，表示有 Cl^- 离子存在。

10) SCN^- 离子的鉴定

(1) 三氯化铁法：SCN^- 与 Fe^{3+} 在酸性溶液中反应，生成深红色的 $[Fe(SCN)_6]^{3-}$ 配合物。

$$Fe^{3+} + 6SCN^- \longrightarrow [Fe(SCN)_6]^{3-}$$

取 2 滴 SCN^- 离子试液于点滴板上，加 1 滴 2mol·L^{-1} HCl，再加 1 滴质量分数为 10% 的 $FeCl_3$，溶液呈深红色，表示有 SCN^- 离子存在。

(2) 二氯化钴法：SCN^- 与 Co^{2+} 在稀酸溶液中反应，生成蓝色的 $[Co(SCN)_4]^{2-}$ 配合物。

$$Co^{2+} + 4SCN^- \longrightarrow [Co(SCN)_4]^{2-}$$

配合物在水中易解离，可加入丙酮，使配合物萃取到丙酮中。

取 2 滴 SCN^- 离子试液于试管中，加 1 滴 1mol·L^{-1} HCl 和 1 滴 0.1mol·L^{-1} 的 $CoCl_2$，再加入 3 滴丙酮，充分摇动后静置。丙酮层显蓝色，表示有 SCN^- 离子存在。

11) SO_3^{2-} 离子的鉴定

在中性介质中，SO_3^{2-} 与 $Na_2[Fe(CN)_5NO]$，$ZnSO_4$，$K_4[Fe(CN)_6]$ 三种溶液反应生成红色沉淀，其组成尚不清楚。在酸性溶液中，红色沉淀消失，因此，如溶液为酸性必须用氨水中和。S^{2-} 干扰 SO_3^{2-} 的鉴定，可加入 $PbCO_3(s)$ 使 S^{2-} 生成 PbS 沉淀：

$$PbCO_3(s) + S^{2-} \longrightarrow PbS\downarrow + CO_3^{2-}$$

鉴定步骤：取 10 滴试液于试管中，加入少量 $PbCO_3(s)$，摇荡，若沉淀由白色变为黑色，则需要再加少量 $PbCO_3(s)$，直到沉淀呈灰色为止，离心分离，保留清液。

在点滴板上，加饱和 $ZnSO_4$ 溶液，0.1mol·L^{-1} $K_4[Fe(CN)_6]$ 溶液及 1% $Na_2[Fe(CN)_5NO]$ 溶液各 1 滴，加 1 滴 2.0mol·L^{-1} $NH_3 \cdot H_2O$ 溶液将溶液调至中性，最后加 1 滴除去 S^{2-} 的试液。若出现红色沉淀，则表示有 SO_3^{2-} 存在。

12) $S_2O_3^{2-}$ 离子的鉴定

$S_2O_3^{2-}$ 与 Ag^+ 反应生成白色 $Ag_2S_2O_3$ 沉淀，但 $Ag_2S_2O_3$ 能迅速分解为 $Ag_2S(s)$ 和 H_2SO_4，颜色由白色变为黄色、棕色，最后变为黑色，S^{2-} 干扰 $S_2O_3^{2-}$ 的鉴定，必须预先除去。

$$2Ag^+ + S_2O_3^{2-} \longrightarrow Ag_2S_2O_3\downarrow$$

$$Ag_2S_2O_3(s) + H_2O \longrightarrow H_2SO_4 + Ag_2S\downarrow$$

鉴定步骤：取 1 滴除去 S^{2-} 的试液于点滴板上，加 2 滴 0.1mol·L^{-1} $AgNO_3$ 溶液，若见到白色沉淀生成，并很快变为黄色、棕色，最后变为黑色，则表示有 $S_2O_3^{2-}$ 存在。

13) SiO_3^{2-} 离子的鉴定

在试管中加入 1mL 0.5mol·L^{-1} Na_2SiO_3 溶液，用 pH 试纸测定其 pH，然后逐滴加入 6mol·L^{-1}HCl 溶液，使溶液的 pH 在 6～9，观察硅酸凝胶的生成(若无凝胶生成可微热)。

Ⅱ 常见无机阳离子的鉴定方法

1. 实验目的

(1) 掌握常见无机阳离子的鉴定反应。

(2) 定性分析鉴定反应的基本操作。

2. 仪器和药品

Ag^+，Pb^{2+}，Ba^{2+}，Ca^{2+}，Fe^{3+}，Fe^{2+}，Mn^{2+}，Hg^{2+}，Al^{3+}，Co^{2+}，Cu^{2+}，Mg^{2+}，Zn^{2+}，Cr^{3+}，Ni^{2+}，K^+，Na^+，NH_4^+ 18 种离子试液，2mol·L^{-1} HCl，6mol·L^{-1} HNO_3，2mol·L^{-1} HAc，2mol·L^{-1}NaOH，6mol·L^{-1}NaOH，6mol·L^{-1}氨水，2mol·L^{-1} NH_4Ac，1mol·L^{-1} HAc-NaAc 缓冲溶液，2mol·L^{-1} Na_2CO_3，0.1mol·L^{-1} NH_4SCN，饱和 NH_4SCN 溶液，0.1mol·L^{-1} K_2CrO_4，饱和 $AgNO_3$ 溶液，饱和$(NH_4)_2C_2O_4$ 溶液，0.5mol·L^{-1} $SnCl_2$，0.2mol·L^{-1} $CuSO_4$，固体铋酸钠，KI-Na_2SO_3 溶液，醋酸铀酰锌试剂，奈斯勒试剂，1%的铝试剂，0.5%的碱性镁试剂，0.1mol·$L^{-1}$$K_4[Fe(CN)_6]$，0.1mol·$L^{-1}$的 $K_3[Fe(CN)_6]$，5%的 $Na_3[Co(NO_2)_6]$，0.5%玫瑰红酸钠，0.1%茜素磺酸钠，2%邻二氮菲，0.1%双硫腙的 CCl_4 溶液，0.5%二硫代乙二酰胺的乙醇溶液，1%酚酞的乙醇溶液，CCl_4，10g·L^{-1}GBHA[乙二醛双缩(2-羟基苯胺)]，乙醇溶液，丁二酮肟的酒精溶液，6%H_2O_2 溶液，戊醇。

3. 试剂的配制

(1) 18 种阳离子试液(含阳离子 0.1mol·L^{-1})配制方法。

Pb^{2+}：16g $Pb(NO_3)_2$ 加 1：1 HNO_3 10mL，用水稀释至 1L。

Fe^{3+}：72g $Fe(NO_3)_3\cdot 9H_2O$ 加 1：1 HNO_3 20mL，用水稀释至 1L。

Fe^{2+}：70g $(NH_4)_2SO_4\cdot FeSO_4\cdot 6H_2O$ 加 1：1 H_2SO_4 20mL，用水稀释至 1L。

Mn^{2+}：53g $Mn(NO_3)_2\cdot 6H_2O$ 加 1：1 HNO_3 5mL，用水稀释至 1L。

Hg^{2+}：17g $Hg(NO_3)_2\cdot H_2O$ 加 1：1 HNO_3 20mL，用水稀释至 1L。

Al^{3+}：139g $Al(NO_3)_3\cdot 9H_2O$ 加 1：1 HNO_3 10mL，用水稀释至 1L。

Cu^{2+}：38g $Cu(NO_3)_2\cdot 3H_2O$ 加 1：1 HNO_3 5mL，用水稀释至 1L。

Zn^{2+}：46g $Zn(NO_3)_2\cdot 6H_2O$ 加 1：1 HNO_3 5mL，用水稀释至 1L。

其他离子的试液可以直接溶于水制备。

(2) $KI\text{-}Na_2SO_3$ 溶液：将 5g KI 和 20g $Na_2SO_3 \cdot 7H_2O$ 溶于 100mL 去离子水中。

(3) 质量分数为 0.5%的碱性镁试剂：将 0.5g 镁试剂溶解在 20mL $1mol \cdot L^{-1}$ NaOH 溶液中，然后用去离子水稀释至 100mL。

(4) 醋酸铀酰锌试剂：取 10g 醋酸铀酰，加入 6mL $6mol \cdot L^{-1}$ HAc，微热使其溶解，稀释到 50mL，另取 30g 醋酸锌，加入 6mL $6mol \cdot L^{-1}$ HAc，加热搅拌，使其溶解，稀释到 50mL。将上述两种溶液加热到 70℃后混合，静置 24h，取清液使用。注意此试剂有剧毒，应十分小心使用，反应容器和废液不得乱弃，要集中起来处理。

(5) 奈斯勒试剂：将 12g HgI_2 和 8g KI 溶于 100mL $3mol \cdot L^{-1}$ NaOH 溶液中，过滤后保存于棕色试剂瓶。

(6) $0.5mol \cdot L^{-1}$ 的 $SnCl_2$：115g $SnCl_2 \cdot 2H_2O$ 溶于 170mL 浓 HCl 中，稀释至 1L，溶液储存在装有锡粒的瓶中。

4. 实验内容

1) Ag^+ 离子的鉴定

取几滴 Ag^+ 离子试液于试管中，加 1 滴 $2mol \cdot L^{-1}$ HAc 和 1 滴 $0.1mol \cdot L^{-1}$ K_2CrO_4，有砖红色沉淀，表示有 Ag^+ 离子存在。

$$2Ag^+ + CrO_4^{2-} \longrightarrow Ag_2CrO_4 \downarrow$$

2) Pb^{2+} 离子的鉴定

(1) 铬酸钾法：Pb^{2+} 与 CrO_4^{2-} 在 HAc 溶液中反应，生成黄色的 $PbCrO_4$ 沉淀。

取 1 滴 Pb^{2+} 离子试液于试管中，加 1 滴 $2mol \cdot L^{-1}$ HAc 和 1 滴 $0.1mol \cdot L^{-1}$ K_2CrO_4，有黄色沉淀生成，表示有 Pb^{2+} 离子存在。

(2) 双硫腙法：双硫腙又叫 1,5-二苯硫代卡巴腙，它能在中性或弱碱性溶液中与 Pb^{2+} 生成红色的螯合物，溶于 CCl_4 中，使 CCl_4 层呈红色。双硫腙的 CCl_4 溶液是绿色的，它与铅盐的水溶液混合摇匀后，CCl_4 层呈红色。

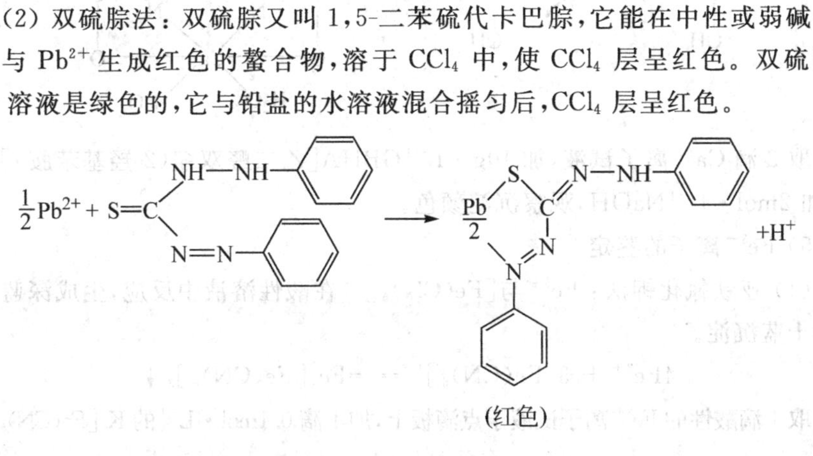

(红色)

取1滴 Pb^{2+} 离子试液于试管中，加3滴去离子水，再加2滴质量分数为0.1%的双硫腙的 CCl_4 溶液，摇动片刻，下层呈现出红色，表示有 Pb^{2+} 离子存在。

3) Ba^{2+} 离子的鉴定

(1) 铬酸钾法：Ba^{2+} 与 CrO_4^{2-} 在 HAc-NaAc 缓冲溶液中反应，生成黄色的 $BaCrO_4$ 沉淀。

取2滴 Ba^{2+} 离子试液于试管中，加3滴 $1mol \cdot L^{-1}$ HAc-NaAc 缓冲溶液，再加2滴 $0.1mol \cdot L^{-1}$ 的 K_2CrO_4，有黄色沉淀生成，表示有 Ba^{2+} 离子存在。$BaCrO_4$ 沉淀不溶于 HAc（与 $SrCrO_4$ 区别），不溶于 NaOH 溶液（与 $PbCrO_4$ 区别），不溶于氨水（与 Ag_2CrO_4 区别）。

(2) 玫瑰红酸钠法：Ba^{2+} 在中性或微酸性溶液中与玫瑰红酸钠反应，生成红棕色沉淀。

取1滴中性或微酸性的 Ba^{2+} 离子试液于滤纸上，加1滴质量分数为0.5%的玫瑰红酸钠，有红棕色斑点产生，表示有 Ba^{2+} 离子存在。

4) Ca^{2+} 离子的鉴定

(1) 草酸铵法：Ca^{2+} 与 $C_2O_4^{2-}$ 在中性或碱性溶液中反应，生成白色的 CaC_2O_4 沉淀。

取4滴 Ca^{2+} 离子试液于试管中，加 $2mol \cdot L^{-1}$ 氨水呈碱性后，再加3滴饱和 $(NH_4)_2C_2O_4$ 溶液，在水浴中加热，慢慢生成白色沉淀，表示有 Ca^{2+} 离子存在。

(2) GBHA 法：乙二醛双缩(2-羟基苯胺)与 Ca^{2+} 在碱性溶液中生成红色难溶配合物。

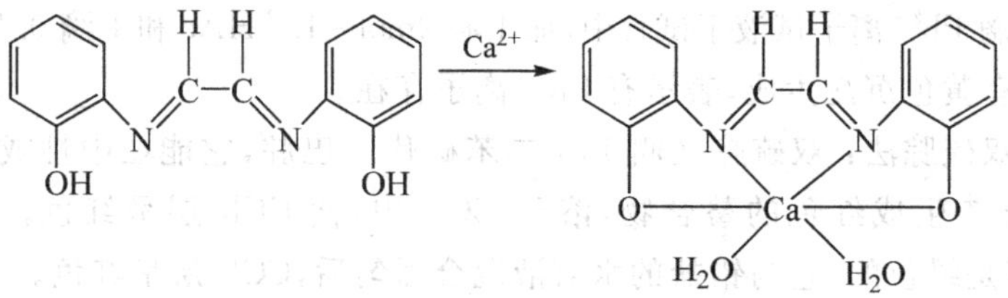

取2滴 Ca^{2+} 离子试液，加 $10g \cdot L^{-1}$ GBHA[乙二醛双缩(2-羟基苯胺)] 2～3滴，加 $2mol \cdot L^{-1}$ NaOH，观察沉淀颜色。

5) Fe^{3+} 离子的鉴定

(1) 亚铁氰化钾法：Fe^{3+} 与 $[Fe(CN)_6]^{4-}$ 在酸性溶液中反应，生成深蓝色的普鲁士蓝沉淀。

$$4Fe^{3+} + 3[Fe(CN)_6]^{4-} = Fe_4[Fe(CN)_6]_3 \downarrow$$

取1滴酸性的 Fe^{3+} 离子试液于点滴板上，加1滴 $0.1mol \cdot L^{-1}$ 的 $K_4[Fe(CN)_6]$，有

深蓝色沉淀生成，表示有 Fe^{3+} 离子存在。

(2) 硫氰酸铵法：Fe^{3+} 与 SCN^- 在酸性溶液中反应，生成深红色的 $[Fe(SCN)_6]^{3-}$ 配合物。

取 1 滴酸性的 Fe^{3+} 离子试液于点滴板上，加 2 滴 0.1mol · L^{-1} 的 NH_4SCN，溶液呈深红色，表示有 Fe^{3+} 离子存在。

6) Fe^{2+} 离子的鉴定

(1) 铁氰化钾法：Fe^{2+} 与 $[Fe(CN)_6]^{3-}$ 在酸性溶液中反应，生成深蓝色的滕氏蓝沉淀。

$$3Fe^{2+} + 2[Fe(CN)_6]^{3-} \xlongequal{} Fe_3[Fe(CN)_6]_2 \downarrow$$

取 1 滴酸性的 Fe^{2+} 离子试液于点滴板上，加 1 滴 0.1mol · L^{-1} 的 $K_3[Fe(CN)_6]$，有深蓝色沉淀生成，表示有 Fe^{2+} 离子存在。

(2) 邻二氮菲法：Fe^{2+} 与邻二氮菲在酸性溶液中反应，生成橘红色的螯合物。

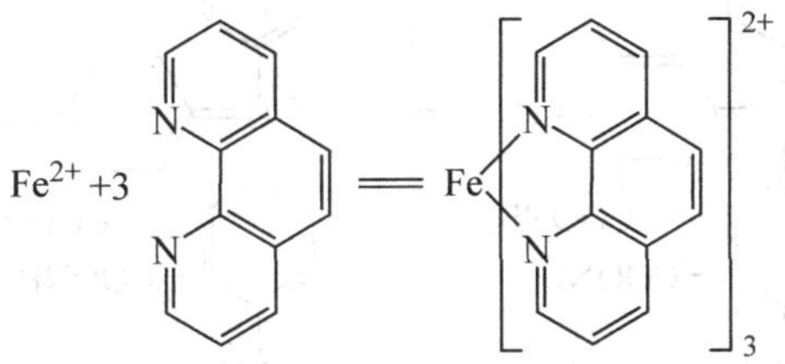

(橘红色)

取 1 滴酸性的 Fe^{2+} 离子试液于点滴板上，加 2 滴质量分数为 2% 的邻二氮菲，溶液呈橘红色，表示有 Fe^{2+} 离子存在。

7) Mn^{2+} 离子的鉴定

铋酸钠法：Mn^{2+} 在 HNO_3 溶液中被 $NaBiO_3$ 氧化成 MnO_4^-，使溶液呈紫红色。

$$2Mn^{2+} + 5NaBiO_3(s) + 14H^+ \xlongequal{} 2MnO_4^- + 5Bi^{3+} + 5Na^+ + 7H_2O$$

取 1 滴 Mn^{2+} 离子试液于试管中，加 1 滴 6mol · L^{-1} HNO_3，再加少许固体铋酸钠，搅拌溶解后，溶液呈紫红色，表示有 Mn^{2+} 离子存在。

8) Hg^{2+} 离子的鉴定

(1) 氯化亚锡法：

$$2HgCl_2 + SnCl_2 \xlongequal{} Hg_2Cl_2 \downarrow (白) + SnCl_4$$

$$Hg_2Cl_2 + SnCl_2 \xlongequal{} 2Hg \downarrow + SnCl_4$$

取 1 滴微酸性的 Hg^{2+} 离子试液于试管中，加 1 滴 0.5mol · L^{-1} 的 $SnCl_2$，有白色的 Hg_2Cl_2 生成，Hg_2Cl_2 和 $SnCl_2$ 进一步反应生成黑色 Hg，表示有 Hg^{2+} 离子存在。

(2) 碘化亚铜法：Hg^{2+} 与过量 I^- 反应生成 $[HgI_4]^{2-}$，Cu^{2+} 与 I^- 反应生成 CuI 沉淀，然后 $[HgI_4]^{2-}$ 与 CuI 反应生成橙红色的 $Cu_2[HgI_4]$ 沉淀。

$$Hg^{2+} + 4I^- = [HgI_4]^{2-}$$

$$2Cu^{2+} + 4I^- = 2CuI\downarrow + I_2$$

$$[HgI_4]^{2-} + 2CuI = Cu_2[HgI_4]\downarrow + 2I^-$$

取1滴KI-Na_2SO_3溶液于试管中，加几滴0.2mol·L^{-1}的$CuSO_4$，再加1滴Hg^{2+}离子试液，有橙红色沉淀生成，表示有Hg^{2+}离子存在。加入Na_2SO_3是为了除去棕黄色的I_2。

$$SO_3^{2-} + I_2 + H_2O = SO_4^{2-} + 2I^- + 2H^+$$

9）Al^{3+}离子的鉴定

（1）铝试剂法：Al^{3+}与铝试剂（金黄色素三羧酸铵）在微酸性溶液中反应，生成红色螯合物。加氨水碱化后，得到红色的絮状沉淀。

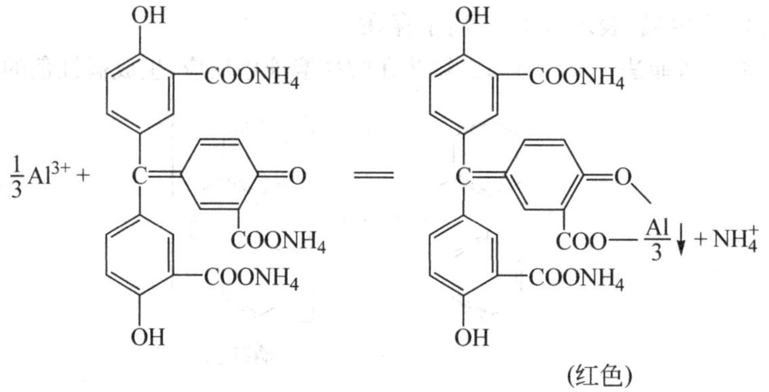

取2滴微酸性的Al^{3+}离子试液于试管中，加2滴2mol·L^{-1} NH_4Ac和2滴质量分数为1%的铝试剂，搅拌均匀，微热片刻，加6mol·L^{-1}氨水至微碱性，红色沉淀不消失，表示有Al^{3+}离子存在。

（2）茜素磺酸钠法：Al^{3+}与茜素磺酸钠在微酸性溶液中反应，生成红色螯合物，试剂本身在碱性溶液中为紫色，在酸性溶液中为黄色。当向反应液中加入HAc，试剂紫色消失，而产物红色不消失。

取2滴微酸性的Al^{3+}离子试液于试管中，加2滴2mol·L^{-1}氨水，生成白色沉淀。再加2滴2mol·L^{-1} NaOH，使沉淀溶解。然后加2滴质量分数为0.1%的茜素磺酸钠，再慢慢滴加2mol·L^{-1} HAc，直到溶液的紫色刚好消失。这时再多加1滴HAc，有红色沉淀出现，表示有Al^{3+}离子存在。

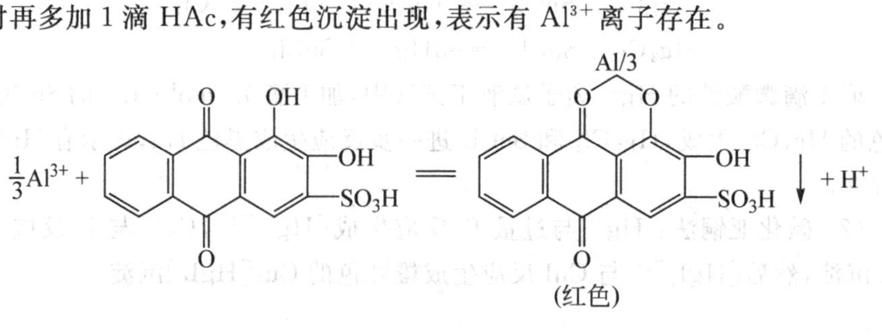

10) Co^{2+}离子的鉴定

(1) 硫氰酸铵法：Co^{2+}与SCN^-在稀酸溶液中反应,生成蓝色的$[Co(SCN)_4]^{2-}$,该配合物在水中易解离,可加入戊醇,使配合物萃取到戊醇中。

$$Co^{2+} + 4SCN^- \longrightarrow [Co(SCN)_4]^{2-}\text{(蓝色)}$$

取 2 滴Co^{2+}离子试液于试管中,加 2 滴饱和NH_4SCN溶液,再加 3 滴戊醇,充分摇动,戊醇层显蓝色,表示有Co^{2+}离子存在。

(2) 二硫代乙二酰胺法：Co^{2+}与二硫代乙二酰胺在氨溶液中反应,生成黄棕色沉淀。

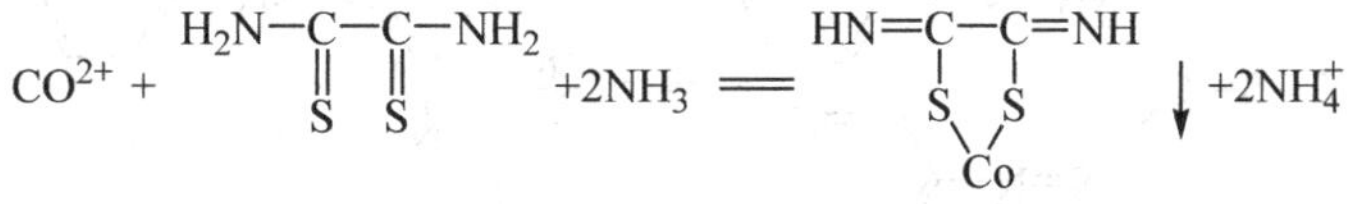

(黄棕色)

取 1 滴Co^{2+}离子试液于滤纸上,用氨气熏一下,然后加 1 滴质量分数为 0.5%的二硫代乙二酰胺的乙醇溶液,出现黄棕色斑点,表示有Co^{2+}离子存在。

11) Cu^{2+}离子的鉴定

(1) 亚铁氰化钾法：Cu^{2+}与$[Fe(CN)_6]^{4-}$在酸性溶液中反应,生成红棕色沉淀。

$$2Cu^{2+} + [Fe(CN)_6]^{4-} \longrightarrow Cu_2[Fe(CN)_6]\downarrow\text{(红棕色)}$$

取 1 滴Cu^{2+}离子试液于点滴板上,加 1 滴 $1mol \cdot L^{-1}$ HAc,再加 1 滴 $0.1mol \cdot L^{-1}$的$K_4[Fe(CN)_6]$,有红棕色沉淀生成,表示有Cu^{2+}离子存在。

(2) 二硫代乙二酰胺法：Cu^{2+}与二硫代乙二酰胺在氨溶液中反应,生成墨绿色沉淀。

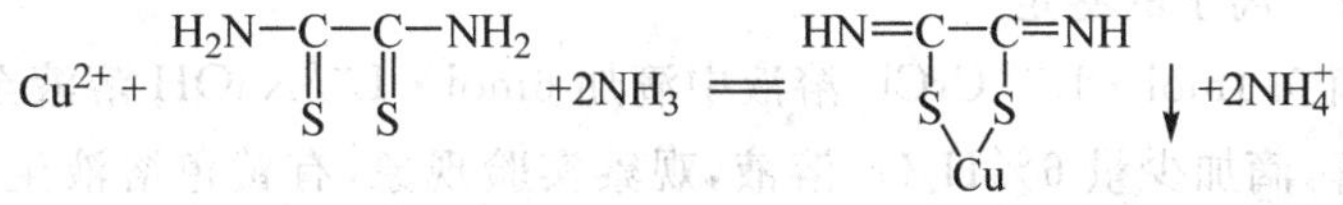

(墨绿色)

取 1 滴Cu^{2+}离子试液于滤纸上,用氨气熏一下,然后加 1 滴质量分数为 0.5%的二硫代乙二酰胺的乙醇溶液,出现墨绿色斑点,表示有Cu^{2+}离子存在。

12) Mg^{2+}离子的鉴定

镁试剂法：镁试剂即对硝基偶氮苯二酚。

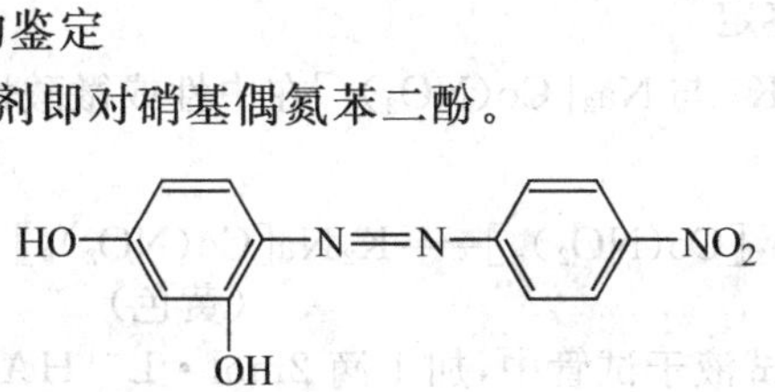

镁试剂在酸性溶液中呈黄色，在碱性溶液中呈紫红色，被 $Mg(OH)_2$ 沉淀吸附后显天蓝色。

取 1 滴 Mg^{2+} 离子试液于试管中，加 1 滴 $6mol \cdot L^{-1}$ NaOH，再加 1 滴质量分数为 0.5% 的碱性镁试剂，有天蓝色沉淀生成，表示有 Mg^{2+} 离子存在。

13) Zn^{2+} 离子的鉴定

双硫腙法：Zn^{2+} 与双硫腙在微酸性溶液中生成紫红色螯合物并溶于 CCl_4 中，使 CCl_4 层呈紫红色。

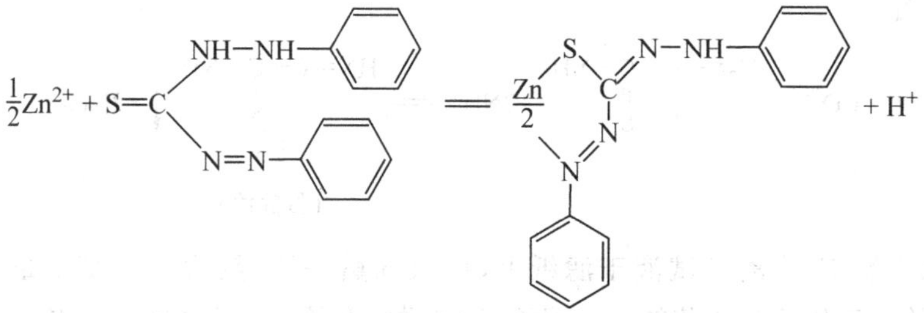

(紫红色)

取 1 滴 Zn^{2+} 离子试液于试管中，加 1 滴 $2mol \cdot L^{-1}$ HAc，再加 2 滴质量分数为 0.1% 的双硫腙的 CCl_4 溶液，振荡后，在 CCl_4 层中，试剂从绿色变成紫红色，表示有 Zn^{2+} 离子存在。

14) Ni^{2+} 离子的鉴定

在 1 滴 $0.1mol \cdot L^{-1}$ $NiSO_4$ 溶液中加 1 滴 1∶1 氨水，然后加几滴丁二酮肟(镍试剂)的酒精溶液，有红色丁二酮肟合镍(Ⅱ)的沉淀生成，表示有 Ni^{2+} 存在。

15) Cr^{3+} 离子的鉴定

在 1 滴 $0.1mol \cdot L^{-1}$ $CrCl_3$ 溶液中滴加 $6mol \cdot L^{-1}$ NaOH 溶液至生成的沉淀全部溶解，滴加少量 6% H_2O_2 溶液，观察实验现象，有黄色溶液生成，表示有 Cr^{3+} 存在。

$$Cr^{3+} + 4OH^- \xlongequal{} CrO_2^- + 2H_2O$$

$$2CrO_2^- + 3H_2O_2 + 2OH^- \xlongequal{} 2CrO_4^{2-} + 4H_2O$$

16) K^+ 离子的鉴定

钴亚硝酸钠法：K^+ 与 $Na_3[Co(NO_2)_6]$ 在中性或微酸性溶液中反应，生成黄色晶形沉淀。

$$2K^+ + Na_3[Co(NO_2)_6] \xlongequal{} \underset{(黄色)}{K_2Na[Co(NO_2)_6]} \downarrow + 2Na^+$$

取 2 滴 K^+ 离子试液于试管中，加 1 滴 $2mol \cdot L^{-1}$ HAc，再加 1 滴质量分数为 5% 的 $Na_3[Co(NO_2)_6]$，搅拌后，有黄色沉淀生成，表示有 K^+ 离子存在。

17) Na^+ 离子的鉴定

醋酸铀酰锌法：Na^+ 与醋酸铀酰锌试剂在中性或 HAc 溶液中反应，生成浅黄色晶形沉淀。

$$Na^+ + Zn(UO_2)_3(Ac)_8 + HAc + 9H_2O \xlongequal{} NaZn(UO_2)_3(Ac)_9 \cdot 9H_2O \downarrow + H^+$$

取 2 滴中性或微酸性的 Na^+ 离子试液于试管中，加 8 滴醋酸铀酰锌试剂，用玻璃棒摩擦管壁，有浅黄色沉淀生成，表示有 Na^+ 离子存在。

18) NH_4^+ 离子的鉴定

奈斯勒(Nessler)试剂法：$K_2[HgI_4]$ 的 NaOH 溶液称为奈斯勒试剂，与 NH_3 生成红棕色沉淀。

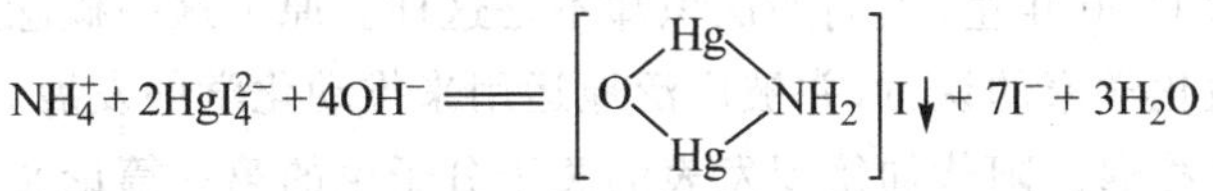

取 1 滴 $6mol \cdot L^{-1}$ NaOH 于滤纸上，加 2 滴 NH_4^+ 离子试液和 1 滴奈斯勒试剂，出现红棕色斑点，表示有 NH_4^+ 离子存在。

5. 思考题

(1) 什么叫离子的鉴定？鉴定反应发生的现象有哪些？

(2) 为什么鉴定反应必须在一定的条件下进行？鉴定反应的条件有哪些？

(3) 什么沉淀反应用白色点滴板，什么沉淀反应用黑色点滴板？为什么？

(4) 使用离心机应注意什么问题？

(5) 取用试剂应注意什么问题？如何保持试剂的纯洁？

第3章　物理化学量的测定

实验6　阿伏加德罗常数的测定

大家都知道原子和分子论是物质结构理论的基本内容，但是在阿伏加德罗提出分子论后的50年里，人们的认识却不是这样。原子这一概念及其理论在当时得到了多数化学家的认可，并被广泛地运用来推动化学的发展，而关于分子的假说却遭到了冷遇。阿伏加德罗发表的关于分子论的第一篇论文没有引起任何反响。3年后的1814年，他又发表了第二篇论文，继续阐述他的分子假说。阿伏加德罗认识到自己提出的分子假说在化学发展中的重要意义，因此在1821年他又发表了分子假说的第三篇论文，在文中写道："我是第一个注意到盖·吕萨克气体实验定律可以用来测定分子量的人，而且也是第一个注意到它对道尔顿的原子论具有意义的人。"尽管阿伏加德罗作了再三的努力，但是还是没有如愿，直到他1856年逝世，分子假说仍然没有被大多数化学家所承认。

1860年9月在德国卡尔斯鲁厄召开了国际化学会议。来自世界各国的140名化学家在会上对"分子的假说"争论很激烈，但没达成一致。这时意大利化学家康尼查罗散发了他所写的小册子，希望大家重视研究阿伏加德罗的学说。阿伏加德罗的分子论终于被确认，可惜此时他已溘然长逝了。

1. 实验目的

(1) 学习电解法测定阿伏加德罗常数的基本原理和实验方法。

(2) 学习使用气压计和分析天平。

2. 仪器和药品

烧杯(250mL)1个，量筒(100mL，10mL)各一个，吸耳球，酸式滴定管(50mL)1支，玻璃棒，温度计，铜片，粗铜导线，砂纸，直流稳压电源，导线3根，铁架台，滴定管夹，气压计，吹风机，分析天平，浓 H_2SO_4，HCl(6mol·L^{-1})，酒精。

3. 实验原理

阿伏加德罗常数是一个常用的重要常数。其含义为1mol任何物质所包含的粒子数目。测定阿伏加德罗常数的方法很多。本实验采用电解法测定。电解法测定阿伏加德罗常数以铜为电极，稀硫酸为电解液，其两极反应如下。

阳极反应：　$Cu - 2e^- \!=\!=\!= Cu^{2+}$

阴极反应：　$2H^+ + 2e^- \!=\!=\!= H_2\uparrow$

根据阳极消耗的电量及阳极铜片失去的质量以及阴极消耗的电量和产生氢气物质的量可分别计算出阿伏加德罗常数的实验值。

阳极：电解时，当电流强度为 I(A)，通电时间为 t(s)，则通过电极的电量为 Q(C)。

$$Q = It$$

若阳极铜片质量减少 m(g)，则铜片每减少 1g 质量所需的电量为 It/m。铜的摩尔质量 M(Cu)为 63.5g・mol^{-1}，铜片每减少 1mol 质量所需的电量为：

$$Q = 63.5\text{g}\cdot\text{mol}^{-1} \times It/m$$

一个 1 价离子所带的电量与 1 个电子所带的电量相当，为 1.60×10^{-19}C，一个 2 价离子(Cu^{2+})所带的电量为 $2\times1.60\times10^{-19}$C，所以 1mol 铜所含的原子数目 N_A 为：

$$N_A = \frac{63.5\text{g}\cdot\text{mol}^{-1} \times It}{m \times 2 \times 1.6 \times 10^{-19}\text{C}}$$

式中，N_A 为阿伏加德罗常数。

阴极：阴极放出的氢气可以用量气管收集。在温度、压力恒定的情况下，电解前后量气管的读数之差即为电解放出的氢气体积 $V(H_2)$。

量气管中氢气的压力：

$$p(H_2) = p(\text{大气压}) - p(\text{水蒸气}) - p(\text{水柱})$$

式中，p(大气压)为大气压，可从气压计量得。

测得电解液温度后，由附录查出电解温度下的饱和水蒸气压 p(水蒸气)。用直尺量出量气管液面到电解槽液面间的一段水柱高度 h，单位为 mm，由下式求出 p(水柱)：

$$p(\text{水柱}) = \frac{h}{0.102\text{mm}\cdot\text{Pa}^{-1}} \quad (1\text{Pa} = 0.102\text{mmH}_2\text{O})$$

将实验条件下的氢气近似看做理想气体，由理想气体状态方程求出电解时所放出氢气物质的量 $n(H_2)$：

$$n(H_2) = p(H_2)V(H_2)/RT$$

式中，体积 $V(H_2)$的单位为 m^3，温度 T 的单位为 K，摩尔气体常数 R 为 8.314J・K^{-1}・mol^{-1}。

若通入电量 $Q=It$，在阴极得到氢气的物质的量为 $n(H_2)$，则得到 1mol 氢分子所需电量为 $It/n(H_2)$(C・mol^{-1})，由于两个氢离子被还原为一个氢分子，它所需电量为 $2\times1.6\times10^{-19}$C，因此，实验测得每摩尔氢气所具有的分子数

N_A 为：

$$N_A = It/[n(H_2) \times 2 \times 1.6 \times 10^{-19}\,C]$$

4. 实验内容

1) 称量电极

将铜片及阴极粗铜导线裸露部分用砂纸擦去表面氧化物，浸入 HCl(6mol·L^{-1})中，取出后用自来水冲洗，水洗后放入酒精中浸泡，用吹风机吹干。将铜片放在分析天平上称得电解前的质量。

2) 电解液的配制

用 145mL 去离子水和 5mL 浓 H_2SO_4 配成稀硫酸电解液。

3) 实验装置

本实验装置由 3 部分组成：电源、电解槽、量气装置。如图 3-1 所示，电解槽由阳极铜片和两端裸露的阴极铜导线以及电解液 H_2SO_4 组成。量气装置为倒置的酸式滴定管。在酸式滴定管的尖嘴处接一乳胶管。

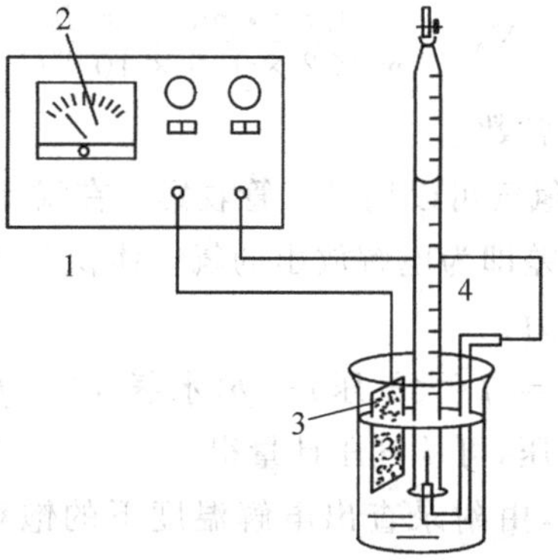

图 3-1　阿伏加德罗常数的测定装置图

1—电源；2—电流表；3—铜电极；4—量气管

4) 检查漏气

把吸耳球插入乳胶管中，打开酸式滴定管的旋塞，将硫酸溶液吸满滴定管(注意，吸液时要慢，H_2SO_4 吸满滴定管后，立即关闭旋塞，以免 H_2SO_4 吸至乳胶管处将其腐蚀)。等片刻，观察液面是否下降。如有下降，检查接口处是否严密，消除漏气原因后，重新将滴定管吸满 H_2SO_4。

5) 电解

按图连接电路(不连接电源)，电解前再复查电解槽正负极是否接错。阳极夹子不要浸入电解液中。接通电源，迅速调节电流旋钮，使电流为 200mA，同时记录电解开始的时间，全部电解过程中维持电流恒定。电解 15min，稍冷却片刻，记录电解液温度。

6）量气管液面的测量

待氢气泡全部集中后，读出滴定管液面刻度，并记录滴定管 50mL 刻度处与旋塞之间的体积(数值可由实验室提供)，求出氢气体积。

读出烧杯液面位于滴定管上的刻度，然后用直尺量出此刻度至电解完毕后滴定管内液面刻度的高度。

7）称量阳极铜片失重

取出铜片，用自来水清洗，再放入无水酒精中浸泡，取出后用吹风机吹干，不要用滤纸擦干。为减少称量误差，铜片前后两次称量用同一台分析天平。

8）数据处理和计算结果

记录大气压力，把所得数据按实验概述中公式计算阿伏加德罗常数。

5. 思考题

(1) 测定阿伏加德罗常数的实验需要测定哪些数据？

(2) 若电解前滴定管中充满了电解液，问电解后滴定管中气体是否是纯氢气？气体的压力是否是氢气压力？

(3) 实验中测定两个温度，每个温度各有什么用途？

(4) 用铜的质量和氢气的体积得到的两个阿伏加德罗常数数值是否一样？为什么？

(5) 为使阿伏加德罗常数测得准确，实验要注意哪些事项？

实验7 醋酸解离常数的测定

阿仑尼乌斯(H. A. Arrhenius)生于瑞典。1878 年大学毕业后，在瑞典科学院物理研究所担任埃德伦德教授的助手。自此，阿仑尼乌斯开始了溶液电导的研究。在埃德伦德教授的指导下，完成了博士论文《电解质的电导性研究》，提出了电解质在水溶液中自动解离成游离的带电粒子的概念。他在电离理论方面的研究不断取得成果，但多次被否定。然而，他始终坚持不懈，相信电离理论的正确性。最终，对阿仑尼乌斯电离理论持否定意见的科学家也改变了初衷，对电离理论心悦诚服，认为电离理论是物理化学的新的重要理论，对物理化学的发展作出了重大贡献。

1. 实验目的

(1) 了解测定弱酸解离常数的原理和方法。

(2) 加深理解弱酸解离常数和解离度的关系。

(3) 学习使用酸度计的方法。

2. 仪器和药品

移液管,烧杯,滤纸,容量瓶,缓冲溶液(pH=4～5),准确浓度(约 0.1mol·L^{-1})的 HAc 溶液,酸度计(使用方法见附录 D)。

3. 实验原理

醋酸是弱电解质,在水溶液中存在下列解离平衡:$HAc \rightleftharpoons H^+ + Ac^-$
平衡常数表达式为

$$K_a^{\ominus} = \frac{[H^+][Ac^-]}{[HAc]}$$

若 c 为 HAc 起始浓度,$[H^+]$、$[Ac^-]$、$[HAc]$分别为氢离子、醋酸根、醋酸的平衡浓度,$K_a^{\ominus}$ 为解离平衡常数。在纯水中$[H^+]=[Ac^-]$,$[HAc]=c-[H^+]$。当解离度 $\alpha<5\%$时,可以近似处理为$[HAc]=c$。

实验中用酸度计测出已知浓度 HAc 的 pH,即可求出 HAc 的解离常数和解离度。

4. 实验内容

(1) 配制不同浓度的醋酸溶液

用移液管取 25mL、5mL 和 2.5mL 已经标定浓度的 HAc 溶液,分别放入 50mL 容量瓶中,用去离子水稀释至刻度,摇匀。计算出各 HAc 溶液的浓度。

(2) 测定 HAc 溶液的 pH

将稀释好的三种 HAc 溶液和标准 HAc 溶液,分别倒入四个干燥的小烧杯中,按从稀至浓的次序,分别在 pH 计上测定 pH(准确至 0.01)。

5. 数据处理

将所测数据和处理结果填入表 3-1 中。

表 3-1　测定 HAc 溶液数据记录与结果

溶液编号	c	pH	$[H^+]$	α	$K_a^{\ominus}$
1					
2					
3					
4					
$K_a^{\ominus}$ 平均值					

6. **思考题**

(1) 用测定数据说明弱电解质的解离度随浓度改变的关系。

(2) 酸度计的操作应注意什么？

实验 8　化学反应速率和活化能的测定

1889 年阿仑尼乌斯首先注意到温度对反应速率的强烈影响，并对反应速率随温度变化的规律的物理意义作出解释。他用“活化分子”和“活化能”的概念来阐明温度对反应速率的影响，并得出“反应速率的指数定律”，即阿仑尼乌斯公式。

1. **实验目的**

(1) 测定过二硫酸铵与碘化钾的反应速率，计算反应级数、反应速率常数和活化能。

(2) 试验浓度、温度和催化剂对反应速率的影响。

2. **仪器和药品**

温度计，秒表，恒温水浴锅，烧杯，量筒，搅拌棒。

KI($0.20mol \cdot L^{-1}$)，KNO_3($0.20mol \cdot L^{-1}$)，$(NH_4)_2S_2O_8$($0.20mol \cdot L^{-1}$)，$(NH_4)_2SO_4$($0.20mol \cdot L^{-1}$)，$Na_2S_2O_3$($0.010mol \cdot L^{-1}$)，$Cu(NO_3)_2$($0.02mol \cdot L^{-1}$)，2%淀粉溶液。

3. **实验原理**

过二硫酸铵溶液与碘化钾溶液发生反应：

$$S_2O_8^{2-} + 3I^- \longrightarrow 2SO_4^{2-} + I_3^- \tag{1}$$

反应的平均速率 r 与反应物浓度的关系为：

$$r = -\frac{\Delta[S_2O_8^{2-}]}{\Delta t} = k[S_2O_8^{2-}]^m[I^-]^n$$

式中，$\Delta[S_2O_8^{2-}]$为 Δt 时间内 $S_2O_8^{2-}$ 浓度的改变量，$[S_2O_8^{2-}]$和$[I^-]$分别为两离子的初始浓度，k 为反应速率常数，$(m+n)$为反应级数。

为了测出 Δt 时间内 $S_2O_8^{2-}$ 浓度的改变量，在过二硫酸铵与碘化钾混合前，先在碘化钾溶液中加入一定体积已知浓度的硫代硫酸钠溶液和淀粉溶液。这样，由反应(1)生成的碘被硫代硫酸钠还原：

$$2S_2O_3^{2-} + I_3^- = S_4O_6^{2-} + 3I^- \qquad (2)$$

反应(1)为慢反应，而反应(2)进行得非常快，瞬间完成。由反应(1)生成的 I_3^- 立即与 $S_2O_3^{2-}$ 作用，生成无色的 I^- 和 $S_4O_6^{2-}$。因此，在反应开始一段时间内，看不到碘与淀粉作用的蓝颜色。但是，一旦硫代硫酸钠耗尽，由反应(1)继续生成的微量碘立即与淀粉作用，使溶液变蓝。

从反应方程式(1)和(2)的关系可以看出，消耗 $S_2O_8^{2-}$ 的浓度为消耗 $S_2O_3^{2-}$ 浓度的一半。即

$$\Delta[S_2O_8^{2-}] = \frac{\Delta[S_2O_3^{2-}]}{2}$$

当硫代硫酸钠耗尽时 $\Delta[S_2O_3^{2-}]$就是开始时 $Na_2S_2O_3$ 的浓度。

实验中，每份混合液中 $Na_2S_2O_3$ 的起始浓度都是相同的，因而 $\Delta[S_2O_3^{2-}]$不变。这样，只要记下反应开始到溶液出现蓝色所需要的时间 Δt，即可求出反应速率 $\Delta[S_2O_8^{2-}]/\Delta t$。

根据速率方程：$r=k[S_2O_8^{2-}]^m[I^-]^n$ 求出反应速率。

利用求出的反应速率，计算 m 和 n，进一步可求出速率常数 k 值。k 与 T 有如下关系：

$$\lg k = -\frac{E_a}{2.303RT} + A$$

式中，E_a 为反应的活化能，R 为摩尔气体常数，T 为热力学温度。测出不同温度下的 k 值，以 $\lg k$ 对 $1/T$ 作图可得一直线，由直线的斜率可求出反应的活化能 E_a。

4. 实验内容

1) 浓度对反应速率的影响

在室温下，用量筒分别量取 0.20mol・L^{-1}的 KI 溶液 20mL，0.010mol・L^{-1}的 $Na_2S_2O_3$ 溶液 8mL 和 0.2%淀粉溶液 4mL，都加到 100mL 烧杯中，混匀。再用另一个量筒取 0.20mol・L^{-1}的$(NH_4)_2S_2O_8$ 溶液 20mL，快速加到盛有混合溶液的 100mL 烧杯中，同时开动秒表，并搅匀。当溶液刚出现蓝色时，立即停表，记下反应时间和温度。

用同样的方法按表 3-2 中的用量，完成序号 2～5 的实验。为使每次实验中溶液离子强度和总体积不变，不足的量分别用 0.20mol・L^{-1} 的 KNO_3 溶液和 0.20mol・L^{-1}的$(NH_4)_2SO_4$ 溶液补足。

2) 温度对反应速率的影响

按表 3-2 中实验序号 4 的用量，把 KI，$Na_2S_2O_3$，KNO_3 和淀粉溶液加到烧杯中，把$(NH_4)_2S_2O_8$ 溶液加到大试管中，并把它们放在比室温高 10℃的恒温水

浴锅中，当溶液温度与水的温度相同时，把$(NH_4)_2S_2O_8$溶液迅速加到 KI 混合溶液中，记录反应时间。

表 3-2　浓度对反应速率的影响

实验序号	1	2	3	4	5
反应温度/℃					
$V((NH_4)_2S_2O_8)$/mL	20	10	5	20	20
$V(KI)$/mL	20	20	20	10	5
$V(Na_2S_2O_3)$/mL	8	8	8	8	8
V(0.2%淀粉)/mL	4	4	4	4	4
$V(KNO_3)$/mL	0	0	0	10	15
$V((NH_4)_2SO_4)$/mL	0	10	15	0	0
反应时间/s					

在高于室温 20℃、30℃条件下重复以上操作。这样共得到四个温度下的反应时间，结果列于表 3-3。

表 3-3　温度对反应速率的影响

实验序号	1	2	3	4
反应温度/℃				
反应时间/s				

3）催化剂对反应速率的影响

Cu^{2+}可以使$(NH_4)_2S_2O_8$氧化 KI 的反应速率加快。按表 3-2 中实验序号 4 的用量，先在 KI 混合溶液中加 2 滴 0.02mol·L^{-1}的$Cu(NO_3)_2$溶液，混匀，然后迅速加入$(NH_4)_2S_2O_8$溶液，搅拌同时记录反应时间，同没有加入$Cu(NO_3)_2$溶液的相同条件的反应结果进行比较，了解催化剂对反应速率的影响。

5. 数据处理

(1) 求出各反应的反应速率、反应级数 $m+n$、反应速率常数 k。填入表 3-4。

表 3-4　数据处理

实验序号		1	2	3	4	5
溶液总体积/mL						
初始浓度/(mol·L^{-1})	$Na_2S_2O_3$					
	$(NH_4)_2S_2O_8$					
	KI					
反应时间 Δt/s						

续表

实验序号	1	2	3	4	5
反应速率 r					
$\Delta[S_2O_8^{2-}]/(mol \cdot L^{-1})$					
反应速率常数 k					
反应级数*	$m=$　　$n=$				
k 平均值					

* m 和 n 取正整数。

(2) 计算反应的活化能 E_a。

将实验数据列于表 3-5，以 $\lg k$ 对 $1/T$ 作图，通过直线的斜率求出反应的活化能 E_a。

表 3-5　实验数据

实验序号	1	2	3	4
反应温度 T/K				
$(1/T)\times 10^3/K^{-1}$				
速率常数的对数 $\lg k$				
活化能 $E_a/(J \cdot mol^{-1})$				

6. 思考题

(1) 反应中定量加入 $Na_2S_2O_3$ 的作用是什么？

(2) 若不用 $S_2O_8^{2-}$ 而用 I^- 或 SO_4^{2-} 的浓度变化来表示反应速率，则速率常数 k 是否相同？

(3) 下列情况对实验结果有什么影响？

① 取用溶液的量筒没有分开。

② 溶液混合后不搅拌、搅拌均匀或不断搅拌。

③ 先加 $(NH_4)_2S_2O_8$ 溶液，后加 KI 溶液。

④ 慢慢加入 $(NH_4)_2S_2O_8$ 溶液。

附注

本实验对试剂的要求：

(1) KI 溶液应为无色透明溶液，若有 I_2 析出，溶液变为浅黄色则不能用。一般应在实验前配制。

(2) $(NH_4)_2S_2O_8$ 溶液易分解，要用新配制的溶液。如所配制的 pH 小于 3，说明原固体试剂已有分解，不适合本实验用。

(3) 所用试剂如混有少量 Cu^{2+},Fe^{3+} 等杂质,则对反应有催化作用,必要时滴加几滴 0.1mol·L^{-1}的 EDTA 溶液。

实验 9 氧化还原和电极电势测定

能斯特(Nernst)是德国卓越的物理化学家,是奥斯特瓦尔德的学生,1887 年毕业于维尔茨堡大学,并获博士学位。第二年,他得出了电极电势与溶液浓度的关系式,即能斯特方程。他的研究成果有:发明了闻名于世的白炽灯(能斯特灯),建议用铂氢电极电势为零电位电势,能斯特方程,热力学第三定律等,并因在热化学方面的研究贡献而获 1920 年诺贝尔化学奖。他把成绩的取得归功于导师奥斯特瓦尔德的培养,因而他也把知识毫无保留地传给他的学生,这其中先后产生了三位诺贝尔物理奖获得者(米利肯、安德森和格拉泽)。

1. 实验目的

(1) 通过实验验证氧化还原反应规律。

(2) 学习使用酸度计测量电极电势的方法。

(3) 加深对电极电势与能斯特方程的理解。

2. 仪器和药品

酸度计,锌电极,铜电极,甘汞电极,盐桥,烧杯(100mL)2 个,烧杯(50mL)1 个,量筒(50mL、10mL),玻璃棒,白点滴板一块,滤纸。

$NH_3 \cdot H_2O$(6mol·L^{-1}),$CuSO_4$(0.1mol·L^{-1}),KCl(饱和溶液),$ZnSO_4$(0.1mol·L^{-1}),$ZnSO_4$(0.01mol·L^{-1}),H_2SO_4(2mol·L^{-1}),NaOH(6mol·L^{-1}),KBr(0.1mol·L^{-1}),$KMnO_4$(0.01mol·L^{-1}),KI(0.1mol·L^{-1}),Na_2SO_3,Br_2-H_2O,I_2-H_2O,H_2O_2(3%),CCl_4,KSCN 溶液,0.2mol·L^{-1}葡萄糖溶液,硫酸亚铁铵固体,$FeCl_3$(0.01mol·L^{-1}),HAc(6mol·L^{-1})。

3. 实验原理

1) 氧化还原与电极电势

电极电势表示氧化还原电对中物质得失电子的能力。电对的电极电势代数值越大,氧化态物质的氧化能力越强,还原态物质的还原能力越弱。相反,电对的电极电势代数值越小,氧化态物质的氧化能力越弱,还原态物质的还原能力越强。

标准状态下,可用标准电极电势来衡量:当 $\varphi^{\ominus}$(氧化剂电对) $>$ $\varphi^{\ominus}$(还原剂电对)时,反应可自发进行。但当氧化剂电对与还原剂电对的标准电极电势相差较小时(−0.2~+0.2V),应考虑溶液中离子浓度对电极电势的影响。

介质对氧化还原反应有很大的影响，通常对于含氧酸的酸根，随着溶液氢离子浓度的增加其氧化性增强，并且反应产物随介质的不同也不同，如 $KMnO_4$ 与 Na_2SO_3 的反应，在酸性、中性和碱性介质中分别生成不同的产物：Mn^{2+}，MnO_2，MnO_4^{2-}。

2）影响电极电势的因素

（1）浓度的影响

由能斯特方程可知，溶液中离子浓度的变化将影响电极电势的数值。

对于电极反应为：氧化态 $+ne^- =\!=\!=$ 还原态

$$\varphi = \varphi^{\ominus} + \frac{RT}{nF}\ln\frac{c(\text{氧化态})}{c(\text{还原态})}$$

（2）介质的影响

有氢离子（或者氢氧根离子）参加的电极反应，H^+ 离子浓度变化也会影响电极电势的数值。

例如：

$$Cr_2O_7^{2-} + 14H^+ + 6e^- =\!=\!= 2Cr^{3+} + 7H_2O$$

$$\varphi = \varphi^{\ominus}(Cr_2O_7^{2-}/Cr^{3+}) + \frac{RT}{nF}\ln\frac{[Cr_2O_7^{2-}][H^+]^{14}}{[Cr^{3+}]^2}$$

可见，$\varphi(Cr_2O_7^{2-}/Cr^{3+})$ 随 $c(H^+)$ 增加而增加。电极电势除与浓度、介质有关外，还受温度的影响，测定电极电势通常在 25℃恒温条件下进行。

4. 实验内容

1）氧化还原反应

（1）向试管中加入少量 KI 溶液和 CCl_4，边滴加 $FeCl_3$ 溶液边摇动试管，观察 CCl_4 层的颜色变化，写出反应方程式。以 KBr 代替 KI 重复进行实验。

（2）向试管中滴加少量 Br_2 水和 CCl_4，摇动试管，观察 CCl_4 层的颜色。加入约 0.5g 硫酸亚铁铵固体，充分反应后观察 CCl_4 层有无颜色变化？以 I_2 水代替 Br_2 水重复进行实验。CCl_4 层有无颜色变化？写出反应方程式。

（3）向 $FeCl_3$ 溶液中先滴加 KI 溶液，然后加入少量 CCl_4 振荡，观察加入 CCl_4 前后的颜色变化？为什么？

由以上实验结果确定电对 Fe^{3+}/Fe^{2+}，I_2/I^-，Br_2/Br^- 电极电势的相对大小，并说明电极电势与氧化还原反应方向的关系。

（4）介质对氧化还原反应产物的影响。在试管中加入少量 Na_2SO_3 溶液，然后加入 0.5mL 3mol·L^{-1} H_2SO_4 溶液，再加 1～2 滴 0.01mol·L^{-1} $KMnO_4$ 溶液，观察实验现象，写出反应方程式。

分别以去离子水、6mol·L^{-1} NaOH 溶液代替 H_2SO_4 重复进行实验，观察现象，写出反应方程式。

由实验结果说明酸碱介质对氧化还原反应产物的影响，并用电极电势加以解释。

(5) 酸度对氧化还原反应速率的影响。

① 在两支各加入几滴 KBr 溶液的试管中，分别加入几滴 3mol・L^{-1} H_2SO_4 和 6mol・L^{-1}HAc 溶液，然后在试管中各加 1 滴 $KMnO_4$ 溶液。比较紫色褪去速度，写出反应方程式。

② 在 3 支试管中各加 1mL 0.2mol・L^{-1}葡萄糖溶液，分别加 5.0mL、3.0mL、1.0mL 的 6mol・L^{-1} H_2SO_4，补加去离子水使各试管中溶液均为 6mL。然后各加 2 滴 0.01mol・$L^{-1}$$KMnO_4$ 溶液并开始观察，记录各试管溶液紫色褪去的快慢。说明酸度(浓度)对氧化还原反应速率的影响。

根据实验结果定性说明酸碱介质对氧化还原反应速率的影响。

(6) H_2O_2 的氧化还原性。在一支试管中，加 2～3 滴 KI(0.1mol・L^{-1})溶液，再加入 1 滴 H_2SO_4(2mol・L^{-1})和 2 滴 H_2O_2(3%)，加入 CCl_4 振荡。在另一支试管中，加 2～3 滴 $KMnO_4$ 溶液，再加 1 滴 H_2SO_4(2mol・L^{-1})和 2 滴 H_2O_2(3%)溶液。观察现象，写出反应方程式，说明 H_2O_2 在上述反应中各自起的作用，根据标准电极电势数给予解释。

2) 电极电势的测量

(1) Zn^{2+}/Zn 电极电势的测定

① Zn^{2+}/Zn 电极的组成

将金属锌插入盛有 $ZnSO_4$(0.01mol・L^{-1})的半电池管中，注意 $ZnSO_4$ 溶液液面应超过弯管顶部，弯管内不能有气泡，橡皮塞和支管处都不能漏气。

② Zn^{2+}/Zn 电极与甘汞电极组成原电池

将 Zn^{2+}/Zn 电极和甘汞电极插入盛有饱和 KCl 溶液的烧杯中组成如下原电池：

$$(-)Zn|ZnSO_4(0.01mol\cdot L^{-1})\|KCl(饱和)|\ Hg_2Cl_2-Hg(+)$$

③ 用酸度计测量原电池的电动势，求出锌在 0.01mol・L^{-1} $ZnSO_4$ 溶液中的电极电势 $\varphi(Zn^{2+}/Zn)$，再计算出锌的标准电极电势 $\varphi^{\ominus}(Zn^{2+}/Zn)$，与标准电极电势表中的值进行对比。

(2) 浓度对电极电势的影响

① 在两个小烧杯中分别倒入 25mL $ZnSO_4$(0.1mol・L^{-1})和 $CuSO_4$(0.1mol・L^{-1})溶液。把铜电极插入 $CuSO_4$ 溶液中，锌电极插入 $ZnSO_4$ 溶液中，放入盐桥，组成原电池，测量此原电池的电动势 E_0。

② 取出盐桥，在 $CuSO_4$ 溶液中缓缓加入 10mL 氨水，并不断搅拌至生成沉淀溶解为止，放入盐桥，测量此时的电动势 E_1。

③ 再取出盐桥，同样在 $ZnSO_4$ 溶液中缓缓加入 10mL 氨水，并不断搅拌至生成沉淀溶解为止，放入盐桥，测量此时原电池的电动势 E_2。

从电动势变化讨论浓度对电极电势的影响。

5. 思考题

(1) 写出高锰酸钾和亚硫酸钠在酸性、中性、碱性中的离子反应方程式。

(2) 根据标准甘汞电极电势计算饱和甘汞电极电势是多少？

(3) 说明并解释 E_0、E_1、E_2 的相对大小。

(4) 写出电极电势的测量中 2(2)步骤的反应方程式？

实验 10　钢中锰含量的测定

锰能提高钢的淬透性，并对提高低碳和中碳珠光体钢的强度有显著作用，对钢的高温瞬时强度也有所提高。但是锰过多对钢也会有坏的影响：①含锰较高时，有较明显的回火脆性；②锰有促进晶粒长大的作用，因此锰钢对过热较敏感；③当锰的质量分数超过 1%时，会使钢的焊接性能变坏；④锰会使钢的耐锈蚀性能降低。

1. 实验目的

(1) 了解分光光度法的基本原理和分光光度计的使用方法。

(2) 学习测定锰元素的分析方法。

2. 仪器和药品

容量瓶(50mL)6 个，移液管(10mL，带分度)1 支，烧杯(50mL)3 个，量筒(10mL)1 个，吸耳球，滴管。

H_3PO_4 溶液(浓 H_3PO_4 与 H_2O 体积比为 1 ∶ 10)，混合酸(HNO_3 与 H_2SO_4 体积比为 1∶1)，$AgNO_3$(1%)，$(NH_4)_2S_2O_8$(20%)，标准 $KMnO_4$ 溶液(Mn 含量约 0.1mg/mL，准确浓度见实验室瓶签)，钢样。

3. 实验原理

1) 目视比色法

目视比色法是用眼睛直接观察溶液颜色的深浅以确定物质含量的方法。这种方法的原理是：将标准溶液和被测溶液在同样条件下进行比较，当溶液液层的厚度相同、颜色的深度一样时，两者的浓度相等。这样，由标准溶液的浓度就可知道被测溶液的浓度。

2) 分光光度法

利用分光光度计测量有色溶液对某一波长光(单色光)的吸收程度,从而求得被测物质含量的方法叫做分光光度法。

当某一波长的单色光照射到有色溶液时,由于有色溶液吸收一定强度的单色光,此单色光通过溶液后强度减弱(图 3-2)。光线减弱的程度与溶液浓度及液层厚度有下列关系:

$$\lg(I_0/I_t) = Kbc$$

式中,K 是比例系数;b 是有色溶液的厚度;c 是有色溶液的浓度;I_0 是入射光的强度;I_t 是通过溶液后光的强度。

如果光线通过溶液完全不被吸收,则 $I_0 = I_t$,这时 $\lg(I_0/I_t) = 0$。光线吸收得越多,也就是说,I_t 越小于 I_0,则 $\lg(I_0/I_t)$ 的数值就越大,因此,这项是表示光线通过溶液时被吸收的程度,通常叫做“吸光度”,用符号 A 表示:

$$A = \lg(I_0/I_t) = Kbc$$

由此关系式得知:溶液的吸光度与溶液中有色物质的浓度和液层厚度的乘积成正比。当液层厚度一定时,测定有色溶液的吸光度,就可以得出它的浓度。

用分光光度计测定试液浓度,首先要做工作曲线,即先配制一系列不同浓度的标准溶液测定其吸光度,以吸光度为纵坐标,浓度为横坐标,绘制工作曲线。此线是通过原点的直线。然后再测定未知试样的有色溶液的吸光度,由吸光度便可在工作曲线上找到相应的 A 点,A 点所对应的 B 点的数值就是未知溶液的浓度(图 3-3)。

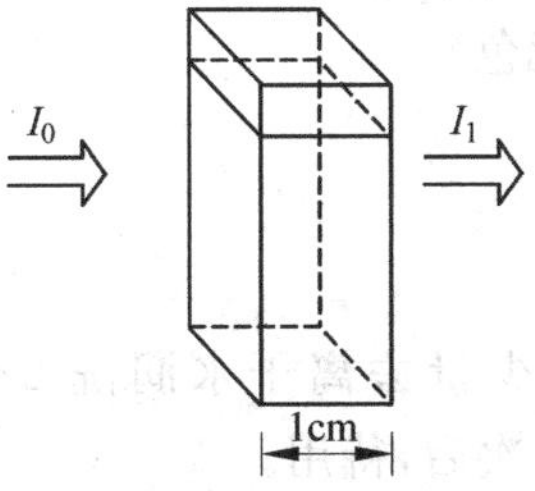

图 3-2　单色光的吸收

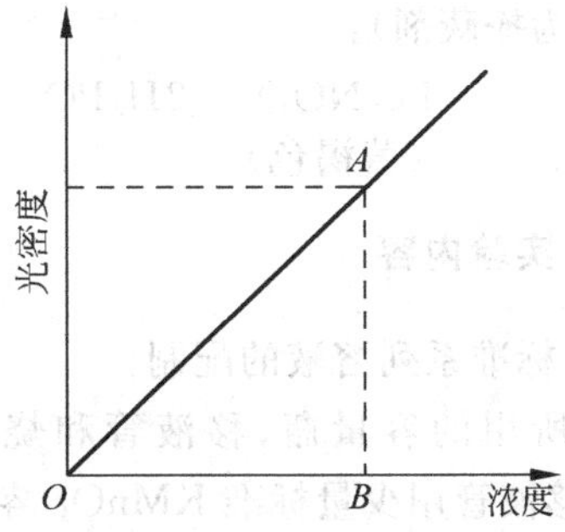

图 3-3　工作曲线

由于有色溶液在不同波长对光的吸收程度不同,因此需要作吸收曲线,即依次将不同波长的单色光通过某一有色溶液,测定每一波长下有色溶液对该波长光的吸收程度,然后以波长为横坐标,吸光度 A 为纵坐标作图,得到的曲线称作吸收曲线(图 3-4)。一般情况下,选用 λ_{max} 作为后面测定时的波长,但有时为了避开干扰,而不选用 λ_{max}。

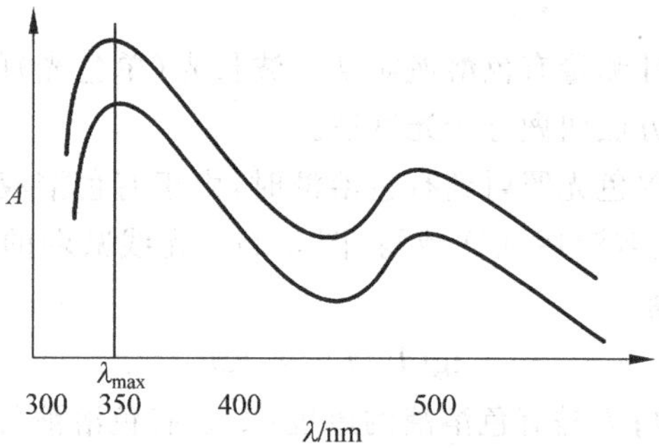

图 3-4　吸收曲线

3）钢样中锰含量的测定原理

将一定质量的钢样溶解于硝酸和硫酸配成的混合酸中，用过硫酸铵$(NH_4)_2S_2O_8$做氧化剂，使溶于酸中的锰氧化成具有特征颜色的高锰酸$(HMnO_4)$。为了加速反应的进行，加入硝酸银做催化剂，化学反应式如下：

$$Fe+6HNO_3 = Fe(NO_3)_3+3NO_2\uparrow+3H_2O$$

$$Mn+4HNO_3 = Mn(NO_3)_2+2NO_2\uparrow+2H_2O$$

$$2Mn(NO_3)_2+5(NH_4)_2S_2O_8+8H_2O \xlongequal{AgNO_3} 2HMnO_4+5(NH_4)_2SO_4+5H_2SO_4+4HNO_3$$

钢样溶解后产生的$Fe(NO_3)_3$为黄色，影响比色的进行。为了消除这种影响，可以加入少量磷酸，它与$Fe(NO_3)_3$生成无色的配位化合物(故磷酸在此反应中称为掩蔽剂)：

$$\underset{(黄褐色)}{Fe(NO_3)_3}+2H_3PO_4 = \underset{(无色)}{H_3[Fe(PO_4)_2]}+3HNO_3$$

4. 实验内容

1）标准系列溶液的配制

将所用的容量瓶、移液管和烧杯洗净。用少量去离子水润洗2～3次。10mL移液管用少量标准$KMnO_4$溶液润洗2～3次后，待用。

用50mL烧杯取约40mL $KMnO_4$标准溶液，用吸量管分别移取2.00，4.00，6.00，8.00，10.00mL放在容量瓶中。各加去离子水冲稀至50mL刻度线，盖上瓶塞混合均匀。按实验室所给出的标准$KMnO_4$溶液浓度换算各容量瓶50mL溶液中的含锰量。

2）待测试样的配制

准确称量钢样(60～80mg)放入50mL烧杯中，加入10mL混合酸，小火加热至试样全部溶解，并继续加热赶走产生的二氧化氮气体。然后同时加入

10mL过硫酸铵和5mL硝酸银溶液，加热至沸腾。煮沸1min后将烧杯放入冷水中冷却至室温。加入7mL磷酸后，将全部溶液转入容量瓶中。用少量去离子水润洗烧杯2～3次。再加入去离子水至50mL刻度线，盖上塞子，摇匀。

3）目视比色

将待测试液与标准系列进行比较，找出它与标准系列中哪一管的颜色相近，从而求出锰的含量。若待测溶液的颜色介于标准系列中的两个比色管之间，则锰的含量就处在这两个比色管含锰量之间，可大致估计一下锰含量的范围。

4）吸收曲线确定溶液的最大吸收波长（λ_{max}）

用722型分光光度计测定溶液的吸收波长。

首先以去离子水做空白溶液，用加入2.00mL原始$KMnO_4$溶液稀释后形成的标准$KMnO_4$溶液做吸收曲线。在不同的波长下测定相应的吸光度值，从480nm到510nm每隔10nm测量一次吸光度，在510nm到540nm每隔5nm测量一次吸光度，用方格纸做出吸收曲线。以吸收曲线上最大吸收波长λ_{max}作为测定时的波长。

测定5种不同浓度$KMnO_4$溶液的吸光度。用方格纸做出吸光度-浓度关系曲线（工作曲线）。然后测定待测试液的吸光度，从工作曲线上查出相应的浓度，即为被测钢样的锰含量。

5）浓度的计算

钢样中锰的质量分数：

$$w_{Mn}=\frac{\text{Mn 的质量}}{\text{钢样质量}}\times 100\%$$

两人一组，一人配制标准系列，一人配制钢样溶液，两人共用分光光度计测定吸光度。

6）绘制工作曲线并求算钢样中的Mn含量

根据实验用5个$KMnO_4$溶液浓度为横坐标，以溶液对应的吸光度为纵坐标，绘制工作曲线。然后根据钢样的吸光度数值，在工作曲线上求算出钢样的含锰量。

注：722型分光光度计使用说明见附录D2。

5. 思考题

(1) 在实验中所加入的混合酸、$(NH_4)_2S_2O_8$、$AgNO_3$、H_3PO_4各起什么作用？

(2) 进行分光光度测定时选用的波长λ一定要选最大波长吗？

第4章　物质制备和提纯

实验11　氯化钠的提纯

重结晶是利用不同化合物在某溶剂中溶解度不同而分离提纯固体物质的方法。把待提纯的物质溶解在适当的溶剂中，滤去不溶物后，进行蒸发、浓缩。浓缩到一定浓度的溶液，经冷却就会析出溶质的晶体。析出晶体颗粒的大小和条件有关。溶液的浓度较高，溶质的溶解度较小，冷却速度较快，不时搅拌溶液，摩擦器壁等，都能使析出的晶体变小。如果溶液的浓度适当，投入一小晶种后静止溶液，缓慢冷却，就可以得到较大的晶体。工业上的食盐提纯使用的也是重结晶方法。

1. 实验目的

(1) 学会提纯粗食盐的方法。

(2) 熟练掌握加热、溶解、常压过滤、减压过滤、蒸发浓缩、结晶、干燥等基本操作。

(3) 学会食盐中 Ca^{2+}，Mg^{2+}，SO_4^{2-} 的定性检验方法。

2. 仪器和药品

台秤，烧杯(100mL)2个，普通漏斗，漏斗架，布氏漏斗，吸滤瓶，真空泵，蒸发皿，量筒10mL 1个和50mL 1个，泥三角，石棉网，三脚架，坩埚钳，酒精灯，$HCl(2mol \cdot L^{-1})$，$NaOH(2mol \cdot L^{-1})$，饱和 $BaCl_2$，$Na_2CO_3(1mol \cdot L^{-1})$，饱和 $(NH_4)_2C_2O_4$，粗食盐，镁试剂，精密pH试纸，滤纸。

3. 实验原理

粗食盐中含有泥沙等不溶性杂质及 Ca^{2+}，Mg^{2+}，K^+，SO_4^{2-} 等可溶性杂质。将粗食盐溶于水后，用过滤的方法可以除去不溶性杂质。Ca^{2+}，Mg^{2+}，SO_4^{2-} 等离子可以通过化学方法——加沉淀剂使之转化为难溶沉淀物，再过滤除去。K^+ 等其他可溶性杂质含量少，蒸发浓缩后不结晶，仍留在母液中。有关的离子反应方程式如下：

$$Ba^{2+} + SO_4^{2-} \longrightarrow BaSO_4 \qquad Mg^{2+} + 2OH^- \longrightarrow Mg(OH)_2$$

$$Ca^{2+} + CO_3^{2-} \longrightarrow CaCO_3 \qquad Ba^{2+} + CO_3^{2-} \longrightarrow BaCO_3$$

4. 实验内容

1) 粗食盐的提纯

(1) 粗食盐的称量和溶解：在台秤上称取 8g 粗食盐，放入 100mL 烧杯中，加入 30mL 水，加热、搅拌使食盐溶解。

(2) SO_4^{2-} 离子的除去：在煮沸的食盐水溶液中，边搅拌边逐滴加入饱和 $BaCl_2$ 溶液(约 2mL)。为检验 SO_4^{2-} 离子是否沉淀完全，可将酒精灯移开，待沉淀下沉后，再在上层清液中滴入 1～2 滴 $BaCl_2$ 溶液，观察溶液是否有浑浊现象。如清液不变浑浊，证明 SO_4^{2-} 已沉淀完全，如清液变浑浊，则要继续加 $BaCl_2$ 溶液，直到沉淀完全为止。然后用小火加热 3～5min，以使沉淀颗粒长大而便于过滤。用普通漏斗过滤，保留滤液，弃去沉淀。

(3) Mg^{2+}，Ca^{2+}，Ba^{2+} 等离子的除去：在滤液中加入适量的(约 1mL) 2mol·L^{-1} NaOH 溶液和 3mL 1mol·L^{-1} Na_2CO_3 溶液，加热至沸。仿照(2)中方法检验 Mg^{2+}，Ca^{2+}，Ba^{2+} 等离子已沉淀完全后，继续用小火加热煮沸 5min，用普通漏斗过滤，保留滤液，弃去沉淀。

(4) 调节溶液的 pH：在滤液中逐滴加入 2mol·L^{-1} HCl 溶液，充分搅拌并用玻璃棒蘸取滤液在 pH 试纸上实验，直到溶液呈微酸性(pH=4～5)为止。

(5) 蒸发浓缩：将溶液转移至蒸发皿中，放于泥三角上用小火加热，蒸发浓缩到溶液呈稀糊状为止，切不可将溶液蒸干。

(6) 结晶、减压过滤、干燥：将浓缩液冷却至室温。用布氏漏斗减压过滤，尽量干。再将晶体转移到蒸发皿中，放在石棉网上，用小火加热并搅拌，以干燥之。冷却后称其质量，计算收率。

2) 产品纯度的检验

称取粗食盐和提纯后的精盐各 1g，分别溶于 5mL 去离子水中，然后各分盛于 3 支试管中。用下述方法对照检验它们的纯度。

(1) SO_4^{2-} 的检验：加入 2 滴饱和 $BaCl_2$ 溶液，观察有无白色的 $BaSO_4$ 沉淀生成。

(2) Ca^{2+} 的检验：加入 2 滴饱和 $(NH_4)_2C_2O_4$ 溶液，稍待片刻，观察有无白色 CaC_2O_4 沉淀生成。

(3) Mg^{2+} 的检验：加入 2～3 滴 2mol·L^{-1} NaOH 溶液，使溶液呈碱性，再加入几滴镁试剂，如有蓝色沉淀产生，则表示有 Mg^{2+} 离子存在。

5. 思考题

(1) 在除去 Ca^{2+}，Mg^{2+}，SO_4^{2-} 时为什么要先加入 $BaCl_2$ 溶液，然后再加入

Na_2CO_3 溶液?

(2) 蒸发前为什么要用盐酸将溶液的 pH 调至 4～5?

(3) 蒸发时为什么不可将溶液蒸干?

实验 12 硫酸亚铁铵的制备

卡尔·弗雷德里契·莫尔于 1808 年出生于德国的科布伦茨。莫尔盐就是以他的名字命名的。以他的名字命名的还有莫尔弹簧、莫尔滴定法、莫尔天平等。在现代化学实验室里,像滴定管、冷凝管、软木塞钻孔器等仪器或工具都是由莫尔发明的。德国著名的化学家李比希看到了软木塞钻孔器,它被加工成大小八件,成为一套很有用的工具,称赞说:“这虽然是一套很简单的工具,但是在实验室里却成了重要的设备。”一直到现在,这种钻孔器还在使用。由于李比希的名声很大,所以后人往往把莫尔的某些发明当作李比希的发明,而实际上是莫尔首创的。

1. 实验目的

(1) 了解复盐的特性。

(2) 进一步掌握无机化合物制备中的基本操作。

(3) 了解目视比色的方法。

2. 仪器和药品

台秤,锥形瓶,酒精灯,减压过滤装置,水浴,蒸发皿,25mL 比色管,量筒,烧杯,Na_2CO_3(10%),KSCN($1mol \cdot L^{-1}$),H_2SO_4($3mol \cdot L^{-1}$),HCl($2mol \cdot L^{-1}$),$(NH_4)_2SO_4$ 固体,铁屑,乙醇,$0.01mg \cdot mL^{-1}$ Fe^{3+} 标准溶液,pH 试纸。

3. 实验原理

硫酸亚铁铵通常称为莫尔盐,它比一般的亚铁盐在空气中稳定。除锂外,碱金属盐尤其是硫酸盐和卤化物具有形成复盐的能力。复盐的溶解度比其他组分的盐溶解度要小。

本实验先将铁屑溶于稀硫酸中生成 $FeSO_4$ 溶液:

$$Fe + H_2SO_4 = FeSO_4 + H_2\uparrow$$

由于铁屑中含有其他金属杂质,生成的氢气中含有其他有气味和毒性的气体,可以用碱吸收后再排放。

等摩尔的 $FeSO_4$ 和 $(NH_4)_2SO_4$ 生成溶解度较小的硫酸亚铁铵 $(NH_4)_2SO_4 \cdot FeSO_4 \cdot 6H_2O$ 浅蓝绿色晶体。

$$FeSO_4+(NH_4)_2SO_4+6H_2O = (NH_4)_2Fe(SO_4)_2\cdot 6H_2O$$

附：几种物质的溶解度(g/100g H_2O)

	0℃	10℃	20℃	30℃	40℃
$FeSO_4\cdot 7H_2O$	28.8	40.0	48.0	60.0	73.3
$(NH_4)_2SO_4$	70.6	73	75.4	78.0	81
$(NH_4)_2Fe(SO_4)_2\cdot 6H_2O$	12.5	17.2	26.4	33	46

4. 实验内容

1) 硫酸亚铁的制备

用台秤称取 4g 铁屑，放在锥形瓶中，加入 20mL 的 10%Na_2CO_3 溶液，小火加热 10min 以除去铁屑上的油污。用倾析法去掉碱液后，用去离子水洗净铁屑。

往盛铁屑的锥形瓶中加入 25mL 的 3mol·L^{-1}硫酸，在通风橱中小火加热，在加热过程中适当补充蒸发掉的水分。在铁屑与稀硫酸反应的过程中，一定要注意通风(为什么?)，加热至不再冒氢气泡为止，趁热减压过滤，滤液转移到蒸发皿中。

$FeSO_4$ 的理论产量依据是，将留在锥形瓶内和滤纸上的残渣(铁屑)洗净，用滤纸吸干后称重，由已作用的铁屑量，计算出溶液中 $FeSO_4$ 的量。

2) 硫酸亚铁铵的制备

根据硫酸亚铁的理论产量，计算并称取所需固体$(NH_4)_2SO_4$ 的用量，在室温下将称出的硫酸铵固体加入到硫酸亚铁溶液中，搅拌均匀并检查溶液的 pH 为 1～2，水浴加热蒸发浓缩至表面出现晶膜为止(不要将溶液蒸发掉太多水分)。放置，冷却到室温后等待晶体析出后，减压过滤，即得硫酸亚铁铵晶体。用乙醇洗去晶体表面的水分后晾干，称重，计算产率。

3) Fe^{3+} 的检验

(1) 称取自己制备的硫酸亚铁铵晶体 0.5g，加入 15mL 不含氧的去离子水(去离子水煮沸几分钟后冷至室温即得)溶解，再加 2mL 的 2mol·L^{-1} HCl 和 1mL 1mol·L^{-1}KSCN 溶液，最后用不含氧的去离子水稀释至 25mL。摇匀，与标准溶液(实验室提供)进行目视比色，确定产品等级。

(2) 标准溶液的配制方法：在 3 支 25mL 的比色管中各加入 0.01mg·mL^{-1} 标准 Fe^{3+}溶液 2.5，5.0，7.5mL，然后分别加入 2mL 的 2mol·L^{-1}的盐酸和 1mL 的 1mol·L^{-1}KSCN 溶液。用去离子水稀释至 25mL，摇匀。这三支比色管中所对应的各级硫酸亚铁铵药品规格分别为：

第一支试管中，含 Fe^{3+} 0.025mg/25mL，符合一级品标准。

第二支试管中，含 Fe^{3+} 0.05mg/25mL，符合二级品标准。

第三支试管中，含 Fe^{3+} 0.075mg/25mL，符合三级品标准。

5. 思考题

(1) 制备硫酸亚铁时，为什么必须保持溶液呈酸性？

(2) 在配制硫酸亚铁铵溶液时为什么必须用不含氧的去离子水？

(3) 有一硫酸亚铁铵固体混有少量的三价铁，若配二价铁的标准溶液，怎样除去三价铁？

(4) 作为 Fe^{2+} 的盐为什么要合成硫酸亚铁铵？而不用硫酸亚铁？

(5) 浓缩硫酸亚铁铵溶液，能否浓缩干？为什么？

(6) 计算硫酸亚铁铵的产率时，应该以铁的用量为准还是以硫酸铵的用量为准？为什么？

实验 13　高锰酸钾的制备

瑞典化学家甘恩(J. G. Gahn)1774 年发现了锰。当时甘恩在一只坩埚里盛满了潮湿的木炭粉末，把用油调过的软锰矿粉放在木炭末正中，上面再覆盖一层木炭末，外面罩上一只坩埚，用泥密封，加热约 1h 后，打开坩埚，坩埚内生成了纽扣般大小的一块金属锰。由于软锰矿产于小亚细亚的马格尼西亚城附近，于是人们以软锰矿的产地为名，将这种银灰色的和铁十分相似的新金属元素叫做“manganese”，中文按其译音定名为锰。

1. 实验目的

(1) 掌握碱熔融法制备锰酸钾和酸歧化法制备高锰酸钾的原理。

(2)了解通入 CO_2 气体的操作方法。

2. 仪器和药品

铁坩埚，坩埚钳，吸滤装置，铁搅拌棒，$KClO_3$ 固体，KOH 固体，MnO_2 固体，CO_2 气体。

3. 实验原理

软锰矿主要成分是 MnO_2，由软锰矿制备高锰酸钾一般是先将软锰矿与碱和氧化剂共熔制取含 K_2MnO_4 的熔体，而后将 K_2MnO_4 氧化为 $KMnO_4$。

本实验是以 $KClO_3$ 作氧化剂制得 K_2MnO_4 熔体后，用水浸取制成 K_2MnO_4

溶液，锰酸钾溶于水并可在水溶液中发生歧化反应，生成高锰酸钾。

$$3MnO_2 + KClO_3 + 6KOH \Longrightarrow 3K_2MnO_4 + KCl + 3H_2O$$

$$3MnO_4^{2-} + 2H_2O \Longrightarrow MnO_2 + 2MnO_4^- + 4OH^-$$

$$3MnO_4^{2-} + 2CO_2 \Longrightarrow 2MnO_4^- + MnO_2 + 2CO_3^{2-}$$

为了使歧化反应顺利进行，必须随时中和掉所生成的 OH^-，常用方法是通入 CO_2。但是这个方法在最理想的情况下，也只能使 K_2MnO_4 的转化率达 66%，还有三分之一又变回 MnO_2。

4. 实验内容

1) 锰酸钾的制备

称取 3g $KClO_3$ 和 7g KOH 加入到 60mL 的铁坩埚中混合均匀，先用酒精喷灯小心加热，一边用坩埚钳夹住铁坩埚一边用铁棒搅拌，待混合物熔融后，把 4g MnO_2 缓慢均匀分次加入，随之熔融物黏度增大，用力搅拌使成颗粒状，然后强热 5min，得到绿色固体物，冷却后，连同坩埚一起倒入含有 80mL 热水的 250mL 的烧杯中，在电炉上继续加热至绿色固体物质溶解。

2) 锰酸钾转化为高锰酸钾

将上述所得绿色溶液趁热通入二氧化碳大约 10min，直至全部锰酸钾转化为高锰酸钾和二氧化锰为止(可用玻璃棒蘸一些溶液，滴在滤纸上，如果只显示紫色而无绿色痕迹，即可认为转化完毕)。然后用玻璃砂漏斗抽滤，弃去二氧化锰残渣。溶液转入瓷蒸发皿中。在电炉上浓缩至表面析出高锰酸钾晶体，即可冷却(可以放水槽中冷却)，当温度降到接近室温，抽滤。观察晶型，晶体在烘箱内维持 60℃烘干 1h，称重，计算产率。

5. 思考题

(1) 由 MnO_2 制备 K_2MnO_4 时为什么用铁坩埚而不用瓷坩埚？

(2) 实验用过的容器，常有棕色物质，如何清洗？

(3) 由锰酸钾制备高锰酸钾，还有什么方法？

(4) 吸滤高锰酸钾溶液时，为什么用玻璃砂漏斗？

(5) 查文献对比电解法制备 $KMnO_4$ 比酸化歧化法有什么优点？写出反应方程式。

实验 14 五水硫酸铜大晶体制备和结晶水的测定

五水硫酸铜又名胆矾、蓝矾，水溶液呈弱酸性，对病原体有较强的收敛和杀伤作用，常用于防治一些寄生虫引起的疾病，特别对原虫有很强的杀伤力，其主要作用机理是铜离子与病原体内的蛋白质结合生成配合物，导致蛋白质变性、沉淀，使酶失去活性，从而杀死病原体。

1. 实验目的

(1) 学习单晶的制备方法。
(2) 掌握水浴加热、蒸发浓缩、重结晶、减压过滤等基本操作。
(3) 了解无机化合物结晶水的测定方法。
(4) 探究内容：查阅文献，了解无机晶体生长原理和大晶体制备方法。

2. 仪器和药品

台秤，150mL 烧杯，量筒，蒸发皿，抽滤装置，坩埚，坩埚钳，干燥器，马弗炉，HNO_3(浓)，H_2SO_4(3mol/L)，铜屑，分析纯 $CuSO_4 \cdot 5H_2O$，细线，木棍，牙签。

3. 实验原理

工业上制备硫酸铜，先把铜烧成氧化铜，再与适当浓度的硫酸作用生成硫酸铜。本实验采用浓硝酸做氧化剂，分次缓慢加入到铜与稀硫酸的混合液中，浓硝酸与铜反应开始比较慢，随后逐渐加快，因为是放热反应。反应式为：

$$Cu + 4HNO_3(浓) = Cu(NO_3)_2 + 2NO_2\uparrow + 2H_2O$$

利用溶解度不同可将硫酸铜提纯。由表 4-1 数据可知，当热溶液冷却到一定温度时，硫酸铜首先达到饱和，而硝酸铜因含量远达不到饱和，随着温度下降，硫酸铜不断从溶液中析出。有极少量作为杂质伴随硫酸铜析出来的硝酸铜，可以和其他一些可溶性杂质一起通过重结晶方法除去。

表 4-1　硫酸铜和硝酸铜的溶解度　　$g/100gH_2O$

	20℃	40℃	60℃	80℃	100℃
$CuSO_4 \cdot 5H_2O$	20.7	28.5	40.0	55.0	75.4
$Cu(NO_3)_2 \cdot 3H_2O$	125	163	182	208	247

$CuSO_4 \cdot 5H_2O$ 晶体结构如下页图(a)所示。其中 4 个水分子以平面四边形与铜离子配位，即$[Cu(H_2O)_4]^{2+}$；另一个水分子与硫酸根及另外两个配位水分子通过氢键相结合。当 $CuSO_4 \cdot 5H_2O$ 加热到 80℃时，失去两分子水，得到 $CuSO_4 \cdot 3H_2O$ 晶体，如下页图(b)；120℃时，失去四分子水，得到 $CuSO_4 \cdot H_2O$ 晶体，如下页图(c)。只有加热到 240℃以上，才能脱去最后一分子水。$CuSO_4 \cdot 3H_2O$ 晶体中，一个铜离子与三个水分子和一个硫酸根配位，形成平面四边形配位构型。$CuSO_4 \cdot H_2O$ 晶体中铜离子有两种不同配位形式：一种铜离子与两个硫酸

根和两个水分子配位；另一种铜离子与四个硫酸根配位。两种铜离子都呈平面四边形配位构型，并通过硫酸根桥联形成二维层状配位聚合物结构（TING V P，HENRY P F，SCHMIDTMANN M，et al. In situ neutron powder diffraction and structure determination in controlled humidities[J]. Chemical Communications，2009，48：7527-7529）。

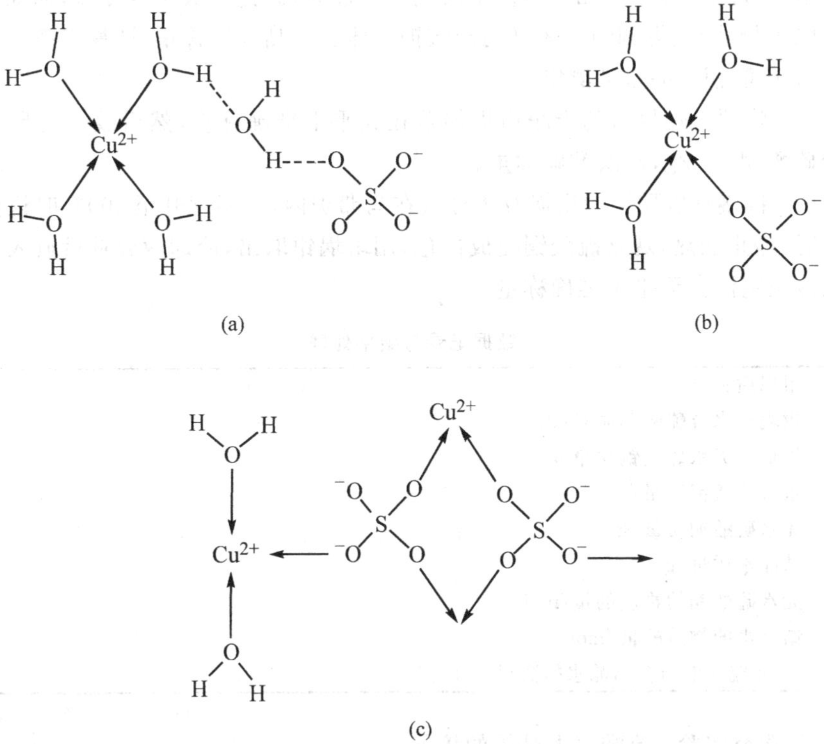

五水(a)、三水(b)、一水(c)硫酸铜晶体结构式示意图

4. 实验步骤

1）硫酸铜粗品制备

称取 2g 铜粉（约 0.03mol）于 150mL 的烧杯中，在通风橱中加入 8mL 的 3mol/L 硫酸，然后分批加入 4mL 浓 HNO_3。加入浓硝酸后有棕黄色气体生成，溶液呈蓝色，待反应缓和后，在电炉上加热，加热过程中要补加 5mL 3mol/L 的硫酸（总量略大于 0.03mol）。反应生成的 NO_2 对该氧化反应有催化作用，若一次加入 15mL 硫酸，无 NO_2 生成，较难引发反应。若铜屑未反应完，可加少量 HNO_3（在保持反应继续进行的情况下尽量少加 HNO_3）。当铜屑全部反应后，用倾析法将溶液倾入一小烧杯中，除去不溶性杂质，溶液再转回蒸发皿中(如果没有杂质可以省去此步骤)。加热蒸发浓缩到表面出现晶体膜为止，自然冷却至室温，得到蓝色 $CuSO_4 \cdot 5H_2O$ 晶体，抽滤称重，计算产率。

2) 重结晶法提纯硫酸铜

将粗品按 1g 加 1.2mL 水的比例，溶于去离子水中，加热使 $CuSO_4 \cdot 5H_2O$ 全部溶解，趁热过滤(如无不溶性杂质则不必过滤)。把溶液缓慢冷却，抽滤或倾析法除去母液，就得到纯度较高的硫酸铜晶体。产品晾干称重，计算产率。

3) 硫酸铜结晶水的测定

(1) 将预先灼烧过的干净坩埚加盖在天平上准确称重，然后放入已研细的水合硫酸铜 1～2g，再次准确称重。

(2) 将盛有硫酸铜的坩埚及盖分放在马弗炉内，在温度升至 300℃时恒温半个小时，停止加热，观察硫酸铜变成白色，用坩埚钳取出，冷却两分钟后放入干燥器内冷至室温。天平上准确称量。

数据记录与结果处理

坩埚质量/g	
坩埚＋水合硫酸铜质量/g	
坩埚＋无水硫酸铜质量/g	
水合硫酸铜质量/g	
无水硫酸铜质量/g	
结晶水质量/g	
无水硫酸铜的物质的量/mol	
结晶水的物质的量/mol	
1mol 硫酸铜结合结晶水的数目	

4) 探究实验：硫酸铜大晶体的培养

五水硫酸铜晶种制备：为了完成大晶体的培养实验，需要先制备五水硫酸铜晶种。将硫酸铜溶液采用水浴蒸发浓缩(如果直接蒸发尽量缓慢)，不要搅拌，浓缩到表面出现晶体膜为止。自然冷却至室温，得到蓝色透明小晶体。过滤后用牙签将晶体分开，挑选几何形貌规整的晶体作为晶种。

用细线系住晶种，将拴好的晶种用木棍悬挂在饱和硫酸铜溶液的烧杯中，静置，盖上透气防尘的盖子(图 4-1)。或者用保鲜膜封盖烧杯，在保鲜膜上面用牙签扎多个小孔，目的是让硫酸铜溶液不断蒸发，晶体逐渐长大，几天后取出大晶体，观察五水硫酸铜晶体形貌。

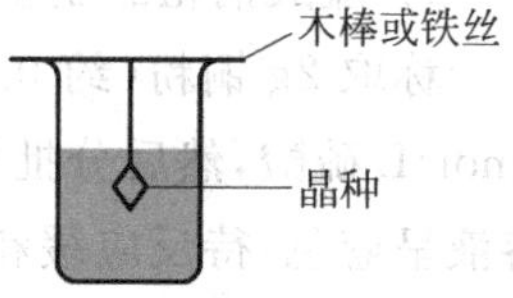

图 4-1　硫酸铜大晶体的培养

5. 思考题

(1) 抽滤操作要注意什么?

(2) 为什么浓硝酸要分次缓慢加入到铜和稀硫酸的混合液中? 并且尽量少加?

(3) 为得到较纯净的五水硫酸铜,浓硝酸和铜的稀硫酸溶液反应后,为什么最好有少量剩余铜粉?

(4) 蒸发浓缩可以用直接加热也可以用水浴加热的方法,如何进行选择?

(5) 影响硫酸铜大晶体生长的因素有哪些?

(6) 选做:实验观察大多数的五水硫酸铜晶体为菱形多面体。探究五水硫酸铜的微观晶型和宏观形貌的关系。

实验 15 $ZnSO_4 \cdot 7H_2O$ 及其衍生物的制备

世界上最早发现并使用锌的是中国,在公元 10 至 11 世纪中国是世界上首先大规模生产锌的国家。明朝末年宋应星所著的《天工开物》一书中有世界上最早的关于炼锌技术的记载。生产过程非常简单,将炉甘石(即菱锌矿石)装满在陶罐内密封,堆成锥形,罐与罐之间的空隙用木炭填充,将罐打破,就可以得到提取出来的金属锌锭。锌是人体必需的微量元素之一,人若缺锌,骨骼生长和性发育都会受到影响,缺锌的人常常表现出食欲不好,味觉不灵敏,伤口不易愈合等症状。但过多摄入锌对人体有害,会引起头晕、呕吐和腹泻等。锌的名称来源于拉丁文 zincum,意思是“白色薄层”或“白色沉积物”,其英文名称是 zinc。

1. 实验目的

(1) 了解皓矾的制备方法。

(2) 掌握蒸发浓缩、结晶、过滤、灼烧等基本操作。

(3) 学习锌的各种衍生物的制备方法。

2. 仪器和药品

温度计,吸滤装置,瓷坩埚,酸式滴定管,精密 pH 试纸,KI-淀粉试纸,$KMnO_4$($0.5mol \cdot L^{-1}$),$NaCO_3$(20%),$BaCl_2$($1mol \cdot L^{-1}$),EDTA($0.05mol \cdot L^{-1}$ 标准溶液),HCl($6mol \cdot L^{-1}$),H_2SO_4($3mol \cdot L^{-1}$,$6mol \cdot L^{-1}$),$NH_3 \cdot H_2O$(1∶1),NH_3-NH_4Cl 缓冲溶液,铬黑 T 指示剂,锌矿粉(菱锌矿),Zn 粉,BaS 固体。

3. 实验原理

$ZnSO_4 \cdot 7H_2O$ 俗称皓矾，许多锌盐都是由 $ZnSO_4 \cdot 7H_2O$ 为原料而衍生制备得到的。ZnO 为白色或浅黄色粉末，难溶于水，易溶于稀酸、NaOH 等溶液，在空气中易吸收 CO_2 和 H_2O 而生成 $ZnCO_3 \cdot ZnO$。

本实验以菱锌矿(主要成分为 $ZnCO_3$)为原料，制备 $ZnSO_4 \cdot 7H_2O$，ZnO 和锌钡白等化合物。

粉碎后的矿石粉经 H_2SO_4 浸取得粗制的 $ZnSO_4$ 溶液：

$$ZnCO_3 + H_2SO_4 = ZnSO_4 + CO_2\uparrow + H_2O$$

矿石中所含镍、镉、铁、锰等杂质也同时进入酸浸液，生成 $NiSO_4$，$CdSO_4$，$FeSO_4$ 和 $MnSO_4$。因此粗制的 $ZnSO_4$ 溶液必须经过处理除去杂质。

$ZnSO_4$ 溶液中的杂质可借氧化和置换法除去。在弱酸性溶液中，用 $KMnO_4$ 将 Fe^{2+} 和 Mn^{2+} 氧化以生成 $Fe(OH)_3$，MnO_2 而从溶液中除去：

$$MnO_4^- + 3Fe^{2+} + 7H_2O = 3Fe(OH)_3\downarrow + MnO_2\downarrow + 5H^+$$

$$2MnO_4^- + 3Mn^{2+} + 2H_2O = 5MnO_2\downarrow + 4H^+$$

向 $ZnSO_4$ 溶液中加入 Zn 粉，与 Ni^{2+} 和 Cd^{2+} 等发生置换反应而从溶液中除去：

$$Ni^{2+} + Zn = Ni + Zn^{2+}$$

$$Cd^{2+} + Zn = Cd + Zn^{2+}$$

将除去杂质后的精制 $ZnSO_4$ 溶液经蒸发浓缩、结晶即得 $ZnSO_4 \cdot 7H_2O$ 晶体。

精制的 $ZnSO_4$ 溶液与 Na_2CO_3 溶液反应得碱式碳酸锌，碱式碳酸锌经高温灼烧转化为 ZnO：

$$3ZnSO_4 + 3Na_2CO_3 + 4H_2O = ZnCO_3 \cdot 2Zn(OH)_2 \cdot 2H_2O\downarrow + Na_2SO_4 + CO_2\uparrow$$

$$ZnCO_3 \cdot 2Zn(OH)_2 \cdot 2H_2O = 3ZnO + CO_2\uparrow + 4H_2O\uparrow$$

将 $ZnSO_4$ 溶液和 BaS 溶液按等物质的量比例混合即得锌钡白：

$$BaS + ZnSO_4 = ZnS\downarrow + BaSO_4\downarrow$$

4. 实验内容

1) 制备 $ZnSO_4 \cdot 7H_2O$

(1) 酸浸和除铁、锰

称取锌矿粉(80 目以上)30g 于 250mL 烧杯中，加入 60mL 水，小火加热至温度达 80℃左右时，分批加入约 27mL 6mol · L^{-1} H_2SO_4，并不断搅拌。控制反应速率不宜过快，反应温度应控制在 90℃左右。当反应至溶液的 pH≈4 时，滴加 0.5mol · L^{-1} $KMnO_4$ 溶液至 KI-淀粉试纸略变蓝，停止加入 $KMnO_4$ 溶液，继续加热至浆液的上层清液为无色，并控制浆液的 pH≈4，趁热减压过滤，滤液即为粗制的 $ZnSO_4$ 溶液。将滤液转入 250mL 烧杯中。

(2) 精制 $ZnSO_4$ 溶液

将制得的粗 $ZnSO_4$ 溶液加热至 80℃左右，在不断搅拌下分批加入 1g Zn 粉并盖上表面皿，反应 10min。检查溶液中 Cd^{2+}，Ni^{2+} 是否除尽(如何检验?)，如未除尽，可再补加少量 Zn 粉，并加热搅拌至 Cd^{2+}，Ni^{2+} 等杂质除尽为止，趁热过滤。滤液即为精制的 $ZnSO_4$ 溶液。将滤液分为三份，供制备 $ZnSO_4 \cdot 7H_2O$，ZnO 和锌钡白用。

(3) 制备 $ZnSO_4 \cdot 7H_2O$

量取 1/3 精制 $ZnSO_4$ 母液，滴加 $3mol \cdot L^{-1}$ H_2SO_4 调节至溶液的 pH≈1。将溶液转移至洁净的蒸发皿中，水浴加热蒸发至液面出现晶膜为止，冷却结晶，进行减压过滤，晶体用滤纸吸干后称重，计算产率。

2) 制备 ZnO

(1) 制备碱式碳酸锌

量取 1/3 体积的精制 $ZnSO_4$ 母液置于 100mL 烧杯中，小火加热至 50℃左右时。慢慢加入 20%的 Na_2CO_3 溶液并不断搅拌至 pH≈6.8 为止(注意控制反应速率不宜过快)。升温至 70～80℃，继续小火加热 10min，然后冷却至室温，减压过滤，并用蒸馏水洗涤沉淀至无 SO_4^{2-} 为止。

(2) 制备 ZnO

将新制备的碱式碳酸锌置于瓷坩埚中，先用小火加热约 5min，并不断搅拌，然后用大火灼烧约 30min。稍冷后，移至干燥器内冷却至室温，称重，计算产率。

3) 锌钡白的制备

(1) 配制 BaS 溶液

称取 8g BaS，加入 25mL 热蒸馏水并不断搅拌，小火加热 15min，趁热减压过滤，即得 BaS 溶液，供合成锌钡白用。

(2) 锌钡白的制备

在 100mL 烧杯中，先加入 BaS 溶液约 10mL，然后加入约等体积的精制 $ZnSO_4$ 溶液，检验溶液的 pH，再交替加入 BaS 和 $ZnSO_4$ 溶液并调节溶液的 pH 始终维持在 8～9。将所得锌钡白沉淀减压过滤，吸干、称重，计算产率。

4) ZnO 含量的测定

准确称取 ZnO 产品 0.3g(准确至 0.000 1g)于 100mL 烧杯中，加入少量蒸馏水润湿，加入 3mL $6mol \cdot L^{-1}$ HCl，微热溶解后冷却至室温，转移至 250mL 容量瓶中，稀至刻度。

用 25mL 移液管取 3 份含锌溶液于三个 250mL 锥形瓶中，用 1∶1 氨水中和至 pH 为 7～8(刚有 $Zn(OH)_2$ 沉淀生成)，再加入 NH_3-NH_4Cl 缓冲溶液 10mL 和 5 滴铬黑 T 指示剂，用 $0.05mol \cdot L^{-1}$EDTA 标准溶液滴定至由紫色变为蓝色即为终点。计算 ZnO 的质量分数。

5. 思考题

(1) 除铁、锰时为什么要控制溶液的 $pH\approx4$？pH 过高或过低对本实验有何影响？

(2) 在酸浸、除铁和锰及锌粉置换除杂质的操作过程中为什么要加热？

(3) 在制备锌钡白时，为什么要保持溶液的 pH 在 8～9 之间？

实验 16　三草酸合铁(Ⅲ)酸钾的制备、性质和组成

1. 实验目的

(1) 了解三草酸合铁(Ⅲ)酸钾制备方法。

(2) 实验三草酸合铁(Ⅲ)酸钾的光化学性质。

(3) 掌握草酸合铁化合物中 $C_2O_4^{2-}$ 和 Fe^{3+} 的分析原理及操作方法。

2. 仪器和药品

天平，台秤，吸滤装置，容量瓶，烧杯，量筒，蒸发皿，NaOH($2mol\cdot L^{-1}$)，H_2O_2(6%)，H_2SO_4($3mol\cdot L^{-1}$，$0.2mol\cdot L^{-1}$)，$KMnO_4$ 标准溶液，锌粉(分析纯)，$(NH_4)_2Fe(SO_4)_2\cdot6H_2O$ 固体，$H_2C_2O_4\cdot2H_2O$ 固体，K_2CO_3 固体，$K_3[Fe(CN)_6]$ 固体。

3. 实验原理

三草酸合铁(Ⅲ)酸钾是制备负载型活性铁催化剂的主要原料，也是一种很好的有机反应催化剂，因而具有工业生产价值。其制备有多种合成路线，本实验用氢氧化铁和草酸氢钾反应生成三草酸合铁(Ⅲ)酸钾，结晶 $K_3[Fe(C_2O_4)_3]\cdot3H_2O$ 为翠绿色晶体，溶于水(0℃时的溶解度：4.7g/100g，100℃时的溶解度：117.7g/100g)，难溶于乙醇。110℃失去结晶水，230℃分解。该配合物对光敏感，在日光直照或强光下分解生成黄色的草酸亚铁，遇铁氰化钾生成腾氏蓝，反应为：

$$Fe(OH)_3+3KHC_2O_4 = K_3[Fe(C_2O_4)_3]+3H_2O$$

$$2K_3[Fe(C_2O_4)_3] \xlongequal{\text{阳光直照}} 2FeC_2O_4+3K_2C_2O_4+2CO_2$$

$$FeC_2O_4+K_3[Fe(CN)_6] = K[Fe_2(CN)_6]+K_2C_2O_4$$

实验室中可做成感光纸，进行感光实验。

试样组成分析：用稀 H_2SO_4 溶解试样，铁以 Fe^{3+} 离子形式存在于溶液中。

用高锰酸钾标准溶液滴定试样中的 $C_2O_4^{2-}$，此时 Fe^{3+} 不干扰测定。滴定 $C_2O_4^{2-}$ 后的溶液用锌粉还原 Fe^{3+} 为 Fe^{2+}。过滤除去过量的锌粉，使用高锰酸钾标准溶液滴定 Fe^{2+}。通过消耗高锰酸钾标准溶液的体积及浓度计算 $C_2O_4^{2-}$ 和 Fe^{3+} 的含量，进一步可以计算产物的组成。

4. 实验内容

1）制备

（1）氢氧化铁的制备

称取莫尔盐 2g，加约 50mL 水配成溶液，在水浴加热和搅拌下，滴加 2mol·L^{-1}NaOH 溶液约 10mL 生成沉淀。为加速反应，滴加 6%的 H_2O_2，当变成棕色后，再煮沸十几分钟，稍冷后用双层滤纸吸滤，用少量水洗 2～3 次。

（2）草酸氢钾的制备

在约 20mL 水中加入 2g（略大于 2g 有利于 KHC_2O_4 的生成）$H_2C_2O_4 \cdot 2H_2O$ 后，加入 1.2g K_2CO_3 生成 KHC_2O_4 溶液。

（3）三草酸合铁（Ⅲ）酸钾的合成制备

将 KHC_2O_4 溶液水浴加热，加入 $Fe(OH)_3$，观察溶液的颜色（若颜色不是黄绿色，可能是反应物比例不合适或 $Fe(OH)_3$ 未洗净）。大部分 $Fe(OH)_3$ 溶解后，稍冷，吸滤。用蒸发皿将滤液浓缩到原体积的 1/2 左右，用水彻底冷却。待大量晶体析出后吸滤，并用少量乙醇洗晶体一次，用滤纸吸干，称重计算产率。

2）光化学性质

按 1g $K_3[Fe(C_2O_4)_3] \cdot 3H_2O$，1.3g $K_3[Fe(CN)_6]$，加水 10mL 的比例配成溶液，涂在纸上即成感光纸，附上图案或照相底板在日光（数秒）或红外灯下照射，曝光部分呈蓝色，即得到蓝底白线的图案。

3）配合物组成分析

（1）称样

递减法准确称取约 1.0g 合成的三草酸合铁酸钾绿色晶体于烧杯中，加入 25mL 3mol·L^{-1}的硫酸使之溶解，再转移至 250mL 容量瓶中，稀释至刻度，摇匀，静置。

（2）测定

移取 25mL 试液于锥形瓶中，加入 20mL 3mol·L^{-1} 的硫酸，放在水浴箱中加热 5min（75～85℃），用高锰酸钾标准溶液滴定到溶液呈浅粉色，半分钟内不褪色即为终点，记下读数。平行滴定三次。

往滴定完 $C_2O_4^{2-}$ 的锥形瓶中加 1g 锌粉，5mL 3mol·L^{-1}的硫酸，摇动 8～10min 后，过滤除去过量的锌粉，滤液用另一个锥形瓶盛接。用约 40mL 0.2mol·L^{-1}的硫酸溶液洗涤原锥形瓶和沉淀，然后用高锰酸钾标准溶液滴定到溶液呈浅粉色，半分钟内不褪色即为终点，记下读数。平行滴定三次。

5. 数据处理

(1) 计算合成产物的产率

根据产品质量和理论产量计算产率。

(2) 确定合成产物的组成

计算合成产物中 $C_2O_4^{2-}$ 和 Fe^{3+} 的含量。

$$w_{C_2O_4^{2-}} = \frac{5}{2} \times \frac{(c \times V)_{KMnO_4} \times M_{C_2O_4^{2-}} \times 250\text{mL}}{m_{样} \times 25\text{mL} \times 1\,000\text{mL} \cdot \text{L}^{-1}} \times 100\%$$

$$w_{Fe^{3+}} = \frac{5 \times (c \times V)_{KMnO_4} \times M_{Fe^{3+}} \times 250\text{mL}}{m_{样} \times 25\text{mL} \times 1\,000\text{mL} \cdot \text{L}^{-1}} \times 100\%$$

确定 $C_2O_4^{2-}$ 和 Fe^{3+} 的个数比，确定合成的配合物的组成。

$$个数比 = \left[\frac{w_{C_2O_4^{2-}}}{88.02}\right] \Big/ \left[\frac{w_{Fe^{3+}}}{55.85}\right]$$

6. 思考题

(1) 由莫尔盐制取氢氧化铁时加 6% 的 H_2O_2，成棕色后为什么还要煮沸溶液？

(2) 写出 $[Fe(C_2O_4)_3]^{3-}$ 的结构式。

(3) 在配制三草酸合铁(Ⅲ)酸钾溶液做性质实验时，要特别注意什么？

(4) 本实验测定 Fe^{3+} 和 $C_2O_4^{2-}$ 的原理是什么？

(5) 除实验的方法外，还可以用什么方法测出两种组分的含量？

实验 17　三氯化六氨合钴(Ⅲ)的制备、性质和组成

1. 实验目的

(1) 了解三氯化六氨合钴(Ⅲ)的制备和组成的测定方法。

(2) 掌握含钴化合物的性质和含钴废液回收的方法。

(3) 通过分裂能 Δ 的测定判断配合物中心离子 d 电子的自旋情况和配合物的类型。

2. 仪器和药品

台称，温度计，电烘箱，吸滤装置，分光光度计，天平，电导率仪，蒸馏装置，吸滤装置，碱式滴定管，锥形瓶(250mL)，HCl(浓，0.2mol · L^{-1}，0.5mol · L^{-1}标

准溶液)，NaOH(0.2mol·L^{-1}，40%，0.5mol·L^{-1}标准溶液)，H_2O_2(6%)，$NH_3 \cdot H_2O$(浓)，NH_4Cl固体，$CoCl_2 \cdot 6H_2O$固体，活性炭，甲基红指示剂。

3. 实验原理

根据标准电极电势可知，在通常情况下，三价钴盐不如二价钴盐稳定；相反，在生成稳定配合物后，三价钴又比二价钴稳定。因此，常采用空气或 H_2O_2 氧化二价钴配合物的方法来制备三价钴的配合物。

氯化钴(Ⅲ)的氨配合物有多种，主要是三氯化六氨合钴(Ⅲ)，$[Co(NH_3)_6]Cl_3$，橙黄色晶体；三氯化一水五氨合钴(Ⅲ)，$[Co(NH_3)_5H_2O]Cl_3$，砖红色晶体；二氯化一氯五氨合钴(Ⅲ)，$[Co(NH_3)_5Cl]Cl_2$，紫红色晶体等。它们的制备条件各不相同。在有活性炭为催化剂时，主要生成三氯化六氨合钴(Ⅲ)；在没有活性炭存在时，主要生成二氯化一氯五氨合钴(Ⅲ)。

本实验就是以活性炭为催化剂，用过氧化氢氧化有氨和氯化铵存在的氯化钴溶液制备三氯化六氨合钴(Ⅲ)。其反应式为：

$$2CoCl_2 + 2NH_4Cl + 10NH_3 + H_2O_2 = 2[Co(NH_3)_6]Cl_3 + 2H_2O$$

三氯化六氨合钴(Ⅲ)是橙黄色单斜晶体，20℃时在水中的溶解度为0.26mol·L^{-1}，溶于稀 HCl 溶液后，通过过滤将活性炭除去，然后在高浓度的 HCl 溶液中析出结晶：

$$[Co(NH_3)_6]^{3+} + 3Cl^- = [Co(NH_3)_6]Cl_3$$

配离子$[Co(NH_3)_6]^{3+}$很稳定，常温时对强酸和强碱也基本不分解，但煮沸时分解放出氨：

$$2[Co(NH_3)_6]Cl_3 + 6NaOH \xlongequal{\triangle} 2Co(OH)_3\downarrow + 12NH_3\uparrow + 6NaCl$$

挥发出的氨用过量盐酸标准溶液吸收，再用标准碱滴定过量的盐酸，即可测定配位体氨的个数(配位数)。将合成的配合物溶于水，用电导率仪测定离子个数，可确定外界氯离子的个数，从而确定配合物的组成。

配离子$[Co(NH_3)_6]^{3+}$中心离子有 6 个 d 电子，通过配离子的分裂能 Δ 的测定并与其成对能 P(21 000cm^{-1})相比较，可以确定 6 个 d 电子在八面体场中属于低自旋排布还是高自旋排布。在可见光区由配离子的 A-λ 曲线上能量最低的吸收峰所对应的波长 λ 求得分裂能 Δ：

$$\Delta = \frac{1}{\lambda \times 10^{-7}} (cm^{-1})$$

式中 λ 为波长，单位是 nm。

含钴废液与 NaOH 溶液作用后将钴以氢氧化物的形式沉淀下来，经洗涤后再用 HCl 还原成二价钴，经蒸发浓缩后可回收氯化钴。

4. 实验内容

1) 三氯化六氨合钴(Ⅲ)的制备

将 3g $CoCl_2 \cdot 2H_2O$ 和 2g NH_4Cl 加入锥形瓶中，加入 5mL 水，微热溶解，加入 1g 活性炭和 7mL 浓氨水，用水冷却至 10℃以下，慢慢加入 10mL 6%的 H_2O_2 溶液。水浴加热至 60℃左右恒温约 20min。用水彻底冷却，吸滤(不能洗涤!)。将沉淀转入含有 2mL 浓 HCl 的 25mL 沸水中，趁热吸滤。滤液转入锥形瓶中，加入 4mL 浓 HCl，再用水彻底冷却，待大量结晶析出后，吸滤。产品于烘箱中在 105℃下烘 20min。滤液回收。

2) 三氯化六氨合钴(Ⅲ)分裂能的测定

取约 0.2g$[Co(NH_3)_6]Cl_3$ 溶于 40mL 去离子水，在分光光度计上以水作参比，于波长 λ 在 400～550nm 范围测定配合物的吸光度 A，每隔 10nm 波长(在吸收峰最大值附近波长间隔可适当减小)测定一次。作 A-λ 曲线，求出配合物的分裂能 Δ 并与成对能比较，判断配合物中心离子 d 电子的自旋情况。确定配合物类型。

3) 三氯化六氨合钴(Ⅲ)组成的确定

(1) 配位体氨的测定

用天平准确称取约 0.2g(准确至 0.1mg)产品放入锥形瓶中，加约 50mL 水和 5mL 20%NaOH 溶液。在另一个锥形瓶中加入 30mL 0.5mol·L^{-1} 标准 HCl 溶液，以吸收蒸馏出的氨。按图 4-2 装置，冷凝管通入冷水，开始加热，保持沸腾状态。蒸馏至黏稠(约 10min)，断开冷凝管和锥形瓶的连接处，之后去掉火源。用少量水冲洗冷凝管和下端的玻璃管，将冲洗液一并转入接收锥形瓶中。

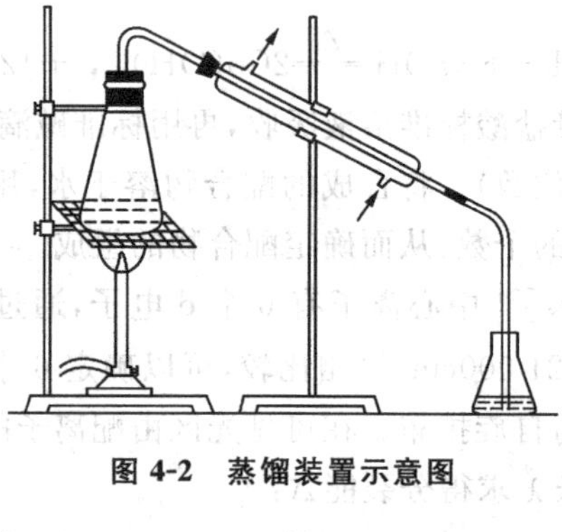

图 4-2　蒸馏装置示意图

以甲基红为指示剂，用 0.5mol·L^{-1}标准 NaOH 溶液滴定吸收瓶中的 HCl 溶液，溶液变浅黄色即为终点。计算氨的百分含量，确定配体 NH_3 的个数。

(2) 电导法测离子个数确定外界氯

称取产品 0.02g 配成 50mL 溶液，在电导率仪上测定溶液的电导率，根据公式求出 Λ_M，确定离子个数和外界 Cl^- 的个数(参见“三草酸合铁酸钾的制备及配离子电荷的测定”实验）。

根据配离子的配位数和外界 Cl^- 数，可以给出配合物的实验式。

4）二氯化钴的回收

（1）设计回收二氯化钴的实验方案

① 写出实验的基本原理和反应方程式。

② 根据回收液中钴的含量（按制备 $[Co(NH_3)_6]Cl_3$ 时所用氯化钴的量算），近似计算沉淀和还原所需 NaOH 和浓 HCl 的量。

③ 写出实验操作步骤，仪器和注意事项。

（2）回收二氯化钴

按设计的实验方案进行实验，回收二氯化钴，称量回收产品的质量。

5. 思考题

（1）实验中为什么向溶液中加 H_2O_2 溶液后要在 60℃左右恒温一段时间？

（2）实验中几次加入浓 HCl 的作用是什么？

（3）从实验事实和有关数据说明三氯化六氨合钴（Ⅲ）的稳定性。

（4）根据三氯化六氨合钴（Ⅲ）分裂能的测定，确定配合物的类型，画出 d 电子自旋态图并计算稳定化能。

（5）如何利用蒸馏后的黑色产物检验三价钴的存在？

（6）用蒸馏后的黑色产物可测配合物中钴的百分含量，试写出用碘量法测定钴的含量的反应式和操作步骤。

附注

（1）实验室中若没有合适的冷凝管，在蒸馏氨的装置中可用胶管代替冷凝管，但接收瓶及其中的标准 HCl 溶液必须用冰水浴冷却，并确保 HCl 不挥发。

（2）配合物的外界氯的个数也可由 $AgNO_3$ 标准溶液滴定来确定。

实验 18 纳米二氧化硅胶体的制备和性质

胶体化学作为化学的一门古老的分支具有悠久的历史，在 200 多年前就有化学家开始系统地研究胶体的各种性质，Faraday 制备的一瓶金溶胶曾经稳定存在了 100 多年。胶体作为一种物质聚集状态，广泛存在于自然界与人们的日常生活中，例如人们每天喝的牛奶、豆浆以及人和动物的眼球都是胶体。近年来，随着人们对纳米科学研究的深入，各国科学家都在探索制备纳米材料的新方法。在这之中，胶体化学方法由于其简单易行、条件温和而受到人们的重视。人们已经利用胶体技术制备了多种形貌的纳米材料，并且正逐步从无序向有序发展。本实验目的是使同学们了解用溶胶-凝胶方法制备简单的单分散纳米颗粒的方法，掌握基本的胶体化学知识。

1. 实验目的

（1）了解制备纳米材料常用的溶胶-凝胶法。

（2）正硅酸乙酯的水解-缩合过程的动力学实验测定。

2. 仪器和药品

10个50mL烧杯，玻璃棒，1.0mL和5.0mL的吸量管各两个，15mL量筒，滴管，吸耳球，正硅酸乙酯，1∶1氨水，乙醇，铬酸洗液。

3. 实验原理

制备纳米二氧化硅颗粒最经典的方法是Stöber反应，这一方法由德国化学家Stöber提出因而得名。此系列反应通过酸或者碱催化硅酸酯水解、缩合来制备二氧化硅纳米颗粒。利用这种方法制备的纳米颗粒，形貌规整，粒径均一，单分散性好，因此被广泛应用，并且得到了进一步的发展。其具体反应原理如下：

$$\equiv Si-(OEt)+OH^- \longrightarrow \equiv Si-OH+OEt^-$$

$$\equiv Si-(OH)+\equiv Si-(OEt) \longrightarrow \equiv SiOSi\equiv +EtOH$$

$$\equiv Si-(OH)+\equiv Si-(OH) \longrightarrow \equiv SiOSi\equiv +H_2O$$

4. 实验内容

（1）实验前将所用的玻璃仪器用铬酸洗液浸泡清洗，并用去离子水清洗以后放入烘箱中烘干。

（2）取5个50mL小烧杯，分别加入13.5，13.0，12.5，12.0，11.5mL乙醇，依次加入0.5，1.0，1.5，2.0，2.5mL正硅酸乙酯，然后向5个烧杯中分别加入1.0mL浓1∶1氨水，观察溶液的变化，当烧杯中的溶液略有浑浊时，记录下所需时间，并填入表4-2中。

表 4-2

V_{TEOS}/mL	0.5	1.0	1.5	2.0	2.5
$V_{乙醇}$/mL	13.5	13.0	12.5	12.0	11.5
$V_{1:1氨水}$/mL	1.0	1.0	1.0	1.0	1.0
溶液变白时间/s					

(3) 另取 5 个 50mL 小烧杯，各加入 13.0，12.5，12.0，11.5，11mL 乙醇，分别加入 1.0mL 正硅酸乙酯，再分别加入 1.0，1.5，2.0，2.5，3.0mL 1∶1 氨水，观察溶液的变化，当烧杯中的溶液略有混浊时，记录下所需时间，并填入表 4-3 中。

表　4-3

V_{TEOS}/mL	1.0	1.0	1.0	1.0	1.0
$V_{乙醇}$/mL	13.0	12.5	12.0	11.5	11.0
$V_{1:1氨水}$/mL	1.0	1.5	2.0	2.5	3.0
溶液变白时间/s					

注：每次实验使烧杯中溶液的体积为 15mL。

(4) 将制备好的胶体溶液分成两份，一部分用激光束检测胶体特有的丁达尔现象；另一部分加入强电解质，观察胶体在强电解质存在的情况下发生的聚沉现象。

(5) 胶体溶液的分析：如果存在丁达尔现象，说明溶液中的颗粒是以胶体状态存在的，用去离子水和胶体溶液对比，用激光笔可以发现胶体溶液中存在明显的光通路，而去离子水中则不存在这种现象。

5. 思考题

(1) 什么是纳米材料？

(2) 影响纳米二氧化硅胶体制备的主要因素是什么？

(3) 为什么胶体溶液会产生丁达尔现象？

(4) 制备胶体的反应过程中氨水的作用是什么？

实验 19　紫菜中碘的提取及其含量的测定

贝尔纳德·库特瓦于 1777 年 2 月 8 日出生于法国的第戎。他把藻类植物晒干后烧成灰，再加水浸取，过滤，将硫酸倾入溶液中，放进曲颈甑内加热，并用导管将曲颈甑的口与球形器连接。溶液中析出一种黑色有光泽的粉末，加热后，紫色蒸气冉冉上升，蒸气凝结在导管和球形器内，结成片状晶体，这种晶体就是 I_2。

1. 实验目的

(1) 掌握从紫菜中提取碘的原理和方法。

(2) 掌握离子选择性电极测定 I^- 的方法。

2. 仪器和药品

PHS—2C 型酸度计，碘离子选择性电极，甘汞电极，烧杯，50mL 容量瓶，坩埚，漏斗，移液管，研钵，紫菜，乙醇，无水 $FeCl_3$，稀 H_2SO_4，0.2mol・L^{-1} 的 KNO_3 溶液，KI 标准溶液。

3. 实验原理

紫菜中碘含量约 600μ/100g，且主要以碘化物的形式存在。工业上用水浸取法提取碘。实验室一般采用水浸取法或灼烧的方法。水浸取法是用水浸泡紫菜(可加热)，I^- 即进入浸泡液中，浸泡液经浓缩后，I^- 经氧化可制得 I_2。灼烧法是将紫菜烧成灰烬，再用固态无水 $FeCl_3$，直接氧化，其反应方程式为：

$$2FeCl_3 + 2KI \Longrightarrow 2FeCl_2 + I_2 + 2KCl$$

然后用升华法或浓 H_2SO_4 熔融法提取碘单质。

碘离子选择性电极是碘化银、硫化银固态碘电极，是测量溶液中 I^- 离子浓度的一种指示电极。该电极测量 I^- 浓度，在医疗卫生、海水利用、药物、食品、环境保护、科研等领域应用广泛。

碘离子选择性电极的基本参数：

测量范围：$10^{-1} \sim 10^{-7}$ mol・L^{-1}　　pH 范围：2～10

温度范围：5～60℃　　主要干扰：CN^-，S^{2-} 等

响应时间：≤2min　　内阻：>500kΩ

4. 实验内容

1) 碘单质的提取

称取 4g 紫菜放入铁坩埚中并加入 5mL 乙醇，使紫菜浸湿，灼烧 30min。冷却至室温后，取出灰烬，放入研钵中，再放入与灰烬同质量的无水 $FeCl_3$(稍过量)，研细，转移到小瓷坩埚内，上面倒扣漏斗，顶端塞入少许玻璃棉，坩埚置于石棉网上，组成一简易升华装置。加热，观察现象，最后收集提取的碘。

2) 紫菜中 I^- 含量的测定

(1) 灼烧 3 份等量紫菜试样，每个试样的灰烬，分别放入烧杯中加入少量去离子水，加热溶解后再加入适量 2mol・L^{-1} H_2SO_4，调溶液 pH=5～7。冷却过滤，用去离子水少量多次冲洗烧杯将溶质尽量转移到漏斗中。将溶液转入 100mL 容量瓶，再加入 50mL 0.2mol・L^{-1} 的 KNO_3 溶液，加去离子水至刻度，摇匀，即成为待测液。

(2) 称 2 份 2g 的紫菜试样，分别放入 50mL 烧杯中，加入 100mL 去离子水，加热煮沸 10min，冷却后，将清液转移至 50mL 容量瓶中。再加入 5mL 0.2mol・

L^{-1}的 KNO_3 溶液，用去离子水稀释到刻度。摇匀后即成为待测液。

(3) 用碘电极测定(1)或(2)待测液中的 I^- 含量。先由质量分数为 1×10^{-5}，2×10^{-5}，5×10^{-5}，1×10^{-4} mol・L^{-1}的 KI 标准溶液画出工作曲线，再测定试样中 I^- 含量。同法，测另一份试样，记录每次测定的 I^- 含量。

5. 数据处理

标准曲线法：绘制 $\lg c(I^-)$-E 曲线，求出斜率 S。根据待测液的电势 E，从标准曲线上查出对应的 I^- 浓度，计算出试样中碘的含量。

标准加入法：测定 50mL 待测液的电势 E。再准确加入 1mLw=0.001 的 KI 标准溶液，测出电势 Es，按下式计算待测液的 I^- 浓度，最后计算出试样中碘的含量。

$$c_x = \frac{\Delta c}{10^{\Delta E/S} - 1}(\mu g \cdot g^{-1})$$

式中：c_x——待测液中 I^- 的浓度；

Δc——浓度增量；

ΔE——电势改变量；

S——斜率。

6. 思考题

(1) 为什么要用无水的 $FeCl_3$ 处理紫菜灰烬？

(2) 测定紫菜中 I^- 含量时，紫菜灰烬溶于热水后为什么要调 pH 在 5～7 之间？

附注

(1) 灰烬应呈灰白色，不能烧成白色，否则碘会大量损失。

(2) 碘电极使用前应在 0.1mol・L^{-1} NaI(或 KI)溶液中活化 2h，再用去离子水清洗至稳定电势值。

(3) 为使离子强度达到恒值，可在被测溶液中加入 0.2mol・L^{-1} KNO_3，以调节离子强度。

(4) 电极敏感膜表面易受污染或钝化，可在细金相砂皮上磨去表面层使电极复新继续使用。

实验 20　配位化合物的生成和性质

1704 年普鲁士人发现了第一个配合物“普鲁士蓝”，后来的研究表明其组成为 $K[Fe_2(CN)_6]$。19 世纪末期，德国化学家发现了一系列令人难以回答的问题，氯化钴跟氨结合，会生成颜色各异、化学性质不同的物质。经分析它们的分子式分别是 $CoCl_3 \cdot 6NH_3$，$CoCl_3 \cdot 5NH_3$，$CoCl_3 \cdot 5NH_3 \cdot H_2O$，$CoCl_3 \cdot 4NH_3$。同是氯化钴，但它的性质不同，颜色也不一样。为了解释上述情况，化学家曾提出各种假说，但都未能成功。直到1893年，瑞士化学家维尔纳(A. Werner)发表的一篇研究分子加合物的论文，提出配位理论和内界、外界的概念，标志着配位化学的建立，才较为完美地解释了这样的现象，并因此获得诺贝尔化学奖。

1. 实验目的

(1) 掌握配离子与简单离子的区别。

(2) 了解配位解离平衡和平衡移动。

2. 仪器和药品

$FeCl_3$，$FeSO_4$，$Fe_2(SO_4)_3$，$CrCl_3$，$AgNO_3$，NaCl，KBr，KI，$K_3[Fe(CN)_6]$，$K_4[Fe(CN)_6]$，EDTA，$Hg(NO_3)_2$($0.1mol \cdot L^{-1}$)，$CoCl_2$($2mol \cdot L^{-1}$)，$NiSO_4$($0.1mol \cdot L^{-1}$)，$CuSO_4$($0.1mol \cdot L^{-1}$)，$BaCl_2$($0.1mol \cdot L^{-1}$)，KSCN($0.5mol \cdot L^{-1}$)，NH_4F($0.1mol \cdot L^{-1}$)，$(NH_4)_2C_2O_4$(饱和)，$Na_2S_2O_3$($0.1mol \cdot L^{-1}$)，NaOH($2mol \cdot L^{-1}$)，HCl($6mol \cdot L^{-1}$)，$NH_3 \cdot H_2O$($1mol \cdot L^{-1}$)，CCl_4，乙醇(95%)，碘水，丁二酮肟乙醇溶液，$(NH_4)_2SO_4 \cdot FeSO_4 \cdot 6H_2O$ 固体，$SnCl_2$ 固体。

3. 实验原理

配位化合物的组成一般分为内界和外界两部分。中心离子和配位体组成配位化合物内界，其余离子为外界。如在$[Cu(NH_3)_4]SO_4$中，中心离子 Cu^{2+} 和配位体 NH_3 组成内界，SO_4^{2-} 处于外界。在水溶液中内、外界之间全部解离，但每种配离子都存在配合与解离平衡，它的稳定性可用 $K_稳$ 来表示，$K_稳$ 越大配合物越稳定。如：

$$Cu^{2+} + 4NH_3 \rightleftharpoons [Cu(NH_3)_4]^{2+}$$

$$K_稳 = \frac{[Cu(NH_3)_4]^{2+}}{[Cu^{2+}][NH_3]^4}$$

根据配合平衡，可以由一种配合物生成更稳定的配合物。改变中心离子或配体的浓度会使配位平衡发生移动，溶液的酸度、生成沉淀、发生氧化还原反应等，都有可能使配位平衡发生移动。

螯合物也称内配合物，它是中心离子与多基配体生成的配合物，因为配体与中心离子之间键合形成封闭的环，因而称为螯合物。螯合物的稳定性与它的环状结构有关，一般来说五元环、六元环比较稳定。形成环的数目越多越稳定。

4. 实验内容

1）配离子和简单离子性质的比较

(1) Cu^{2+} 与$[Cu(NH_3)_4]^{2+}$

取几滴 0.1mol · L^{-1} $CuSO_4$ 溶液中加 1 滴 6mol · L^{-1} 氨水溶液，观察沉淀的生成及颜色，继续加入过量的氨水至生成深蓝色溶液，然后加入约 2mL 乙醇（降低配合物在水溶液中的溶解度），观察析出的硫酸四氨合铜(Ⅱ)晶体的生成。写出反应式。

(2) Fe^{2+} 与$[Fe(CN)_6]^{4-}$

在少量 $FeSO_4$ 溶液中加 1 滴 2mol · L^{-1} NaOH 溶液，观察沉淀的生成。

在少量 $K_4[Fe(CN)_6]$溶液中加 1 滴 2mol · L^{-1} NaOH 溶液，有无沉淀生成？

由实验结果说明简单离子与配离子、复盐与配合物有什么不同？

2）配位平衡的移动

(1) 配位平衡与配位平衡常数

① 取几滴 $Fe_2(SO_4)_3$，加入几滴 6mol · L^{-1} HCl 溶液，观察溶液颜色有什么变化？再加 1 滴 0.5mol · L^{-1} KSCN 溶液，颜色又有什么变化？然后向溶液中滴加 0.5mol · L^{-1} NH_4F 至溶液颜色完全褪去。由溶液颜色变化比较三种配离子的稳定性。

② 取几滴 $CoCl_2$ 溶液，滴加 0.5mol · L^{-1} KSCN 溶液，加入少量乙醇，观察溶液的颜色变化；再加 1 滴 $Fe_2(SO_4)_3$ 溶液，溶液的颜色又有什么变化？由溶液的颜色变化比较 Co^{2+} 和 Fe^{3+} 与 SCN^- 生成配离子的相对稳定性。根据查表得到的 $K_{稳}$ 值，求平衡常数 K。

(2) 配位平衡与酸碱平衡

① 在 $Fe_2(SO_4)_3$ 与 NH_4F 生成的配离子$[FeF_6]^{3-}$ 中滴加 2mol · L^{-1} NaOH 溶液，观察沉淀的生成和颜色的变化。写出反应方程式并根据平衡常数加以说明。

② 取 2 滴 $Fe_2(SO_4)_3$ 溶液，加入 10 滴饱和的$(NH_4)_2C_2O_4$ 溶液，溶液的颜色有什么变化？然后加几滴 0.5mol · L^{-1} KSCN 溶液，溶液的颜色有无变化？再逐滴加入 6mol · L^{-1} HCl，观察溶液的颜色变化。写出反应式。

(3) 配位平衡与沉淀溶解平衡

在试管中加入少量 $AgNO_3$ 溶液，滴加 NaCl 溶液，有何现象？滴加 6mol · L^{-1} $NH_3 \cdot H_2O$ 至沉淀消失后，滴加 KBr 溶液，有何现象？再滴加 $Na_2S_2O_3$ 溶液至沉淀刚好消失，改加 KI 溶液，观察沉淀的颜色。根据实验现象，写出离子反应方程式。用 K_{sp} 和 $K_{稳}$ 加以说明。

(4) 配位平衡与氧化还原平衡

① 在装有少量 CCl_4 的试管中加几滴 $FeCl_3$，滴加 0.5mol·L^{-1} NH_4F 至溶液呈无色，再加几滴 KI 溶液，振荡试管，观察 CCl_4 层颜色。可与同样操作但不加 NH_4F 溶液的实验相比较，并根据电极电势加以说明。

② 向装有少量 CCl_4 的两支试管中各加 1 滴碘水后，向一试管中滴加 $FeSO_4$ 溶液，向另一试管中滴加 $K_4[Fe(CN)_6]$溶液，观察两支试管现象有什么不同？写出反应方程式。

③ 在几滴 $FeCl_3$ 溶液中加几滴 6mol·L^{-1} HCl，加 1 滴 KSCN 溶液，再加入少许 $SnCl_2$ 固体。观察溶液的颜色变化，写出反应方程式并加以解释。

3) 螯合物的生成

向试管中加入几滴 0.1mol·L^{-1} $FeCl_3$，滴加 KSCN 溶液后，加 NH_4F 溶液至无色。然后滴加 0.1mol·L^{-1} EDTA 溶液，观察溶液颜色的变化并加以说明。EDTA 与 Fe^{3+} 生成的螯合物为五个五元环。反应可简写为：

$$Fe^{3+} + [H_2Y]^{2-} = [FeY]^- + 2H^+$$

4) 配合物的水合异构现象

(1) 在试管中加入约 1mL $CrCl_3$ 溶液，水浴加热，观察溶液变为绿色。然后将溶液冷却，溶液又变为蓝紫色：

$$\underset{\text{紫色}}{[Cr(H_2O)_6]^{3+}} + 2Cl^- = \underset{\text{绿色}}{[Cr(H_2O)_4Cl_2]^+} + 2H_2O$$

(2) 在试管中加入约 1mL 2mol·L^{-1} $CoCl_2$ 溶液，将溶液加热，观察溶液变为蓝色，然后将溶液冷却，溶液又变为红色：

$$\underset{\text{红色}}{[Co(H_2O)_6]^{2+}} + 4Cl^- = \underset{\text{蓝色}}{[CoCl_4]^{2-}} + 6H_2O$$

若实验现象不明显，可向试管中加入少许 $CoCl_2$ 固体或浓盐酸，以提高 Cl^- 浓度。

5. 思考题

(1) 影响配位平衡的因素有哪些？

(2) 用实验事实说明氧化型与还原型生成配离子后其氧化还原能力如何变化？

(3) 根据实验结果比较配体 SCN^-，F^-，Cl^-，$C_2O_4^{2-}$，EDTA 等对 Fe^{3+} 的配位能力。

第5章　元素化合物的性质

实验21　卤素

卤素元素全被发现历时172年。1768年格拉夫发现了氢氟酸；1774年舍勒、戴维发现了氯；1812年库图瓦发现了碘；1826年巴拉尔发现了溴；1886年摩瓦桑发现了氟；1940年考尔逊发现了砹。其间不少科学家进行了不屈不挠的劳动，有些人甚至献出了生命。

1824年，年仅21岁的法国人巴拉尔在实验室当助手，但是他的化学知识是很丰富的，实验尤其细心。有一次他在海产植物灰烬的母液中通入氯气，除得到碘之外，还得到一种暗红色的液珠。这个发现引起了他极大的兴趣，他反复制取和研究了这种带臭味的液体，认为它是和碘一样的新元素。1826年巴拉尔发表了《海藻中的新元素》论文，宣告了溴的发现。

德国化学家李比希看到这篇论文，感到非常后悔。大约是在1823年，一位德国商人交给他一瓶暗红色的液体请他检验，但是他很轻率地判定这种物质是氯化碘，就放进了药柜中，不闻不问了，就这样他失去了发现溴的最好机会。后来，李比希为了警诫自己，就把这瓶"氯化碘"放在一架醒目的药柜上，每天看到它，就想起他的失败，好引以为戒。李比希在化学科学上有很深的造诣，他之所以犯这样的错误，完全是由于他的疏忽和自满，而年轻的巴拉尔却勇于探索、敢于实践并终于发现了溴。

1. 实验目的

(1) 了解卤素单质和金属卤化物的溶解性。

(2) 掌握卤素单质的氧化性和卤离子还原性。

(3) 掌握卤素含氧酸盐的氧化性。

2. 仪器和药品

KI(0.1mol·L^{-1})，KBr(0.1mol·L^{-1})，$MnSO_4$(0.1mol·L^{-1})，KIO_3(0.1mol·L^{-1})，Na_2SO_3(s)，氯水，溴水，碘水，CCl_4，H_2SO_4(3mol·L^{-1}，浓)，HCl(浓，2mol·L^{-1})，MnO_2固体，KBr固体，KI固体，KClO(0.1mol·L^{-1})，$KClO_3$固体，$KClO_4$固体，$Pb(Ac)_2$试纸，KI-淀粉试纸，淀粉溶液，pH试纸，NaCl固体，

品红溶液，NaF(0.1mol·L^{-1})，$Co(NO_3)_2$(0.1mol·L^{-1})，$AgNO_3$(0.1mol·L^{-1})，$Ca(NO_3)_2$(0.1mol·L^{-1})，KOH(2mol·L^{-1}，6mol·L^{-1})。

3. 实验内容

1) 单质及卤化物的溶解性

观察氯水、溴水、碘水的颜色，比较碘在水、CCl_4、乙醇及0.1mol·L^{-1}KI水溶液中的溶解情况和颜色，对碘溶液颜色不同加以解释。

比较卤化物的溶解性，取少量NaF，NaCl，KBr，KI溶液各两份，分别滴加$Ca(NO_3)_2$和$AgNO_3$溶液，观察现象，写出反应方程式。根据结构理论说明氟化物与其他卤化物为什么不同？

2) 卤素的氧化性

(1) 设计实验比较卤素的氧化性

给定试剂：氯水、溴水、0.1mol·L^{-1}KBr、0.1mol·L^{-1}KI、CCl_4。

(2) 氯水对溴碘离子混合溶液的氧化次序

取1滴0.1mol·L^{-1}KBr和1滴0.1mol·L^{-1}KI溶液，加入少量CCl_4，然后滴加氯水，仔细观察CCl_4层颜色的变化。用pH试纸检查在碘紫色刚消失时的pH，写出反应方程式，并根据标准电极电势和溶液pH说明原因。

3) 卤素离子的还原性

(1) 分别向有少量KI，KBr，NaCl固体加入约0.5mL浓H_2SO_4，观察现象，选择试纸检查气体产物，写出反应方程式。

(2) 向少量NaCl和MnO_2混合物加入约0.5mL浓H_2SO_4，并微热，用KI-淀粉试纸检查气体，写出反应方程式。

由实验比较卤素离子还原性的强弱。

4) 卤素歧化反应

(1) 次氯酸钾的制备

在5mL的氯水中滴加2mol·L^{-1}的KOH溶液，使溶液呈碱性而得次氯酸钾溶液(保留后面用)，写出反应方程式。

(2) 碘的歧化和逆歧化反应

取少量I_2水和CCl_4，先使其呈强碱性，再使其呈强酸性，观察CCl_4层颜色变化，写出反应方程式，并用标准电极电势加以说明。

5) 卤素含氧酸盐的氧化性

(1) 次氯酸钾的氧化性

① 取少量在4)中已制备的KClO溶液两份，分别加入$MnSO_4$溶液和品红溶液，观察现象，写出反应方程式。

② 取H_2SO_4酸化的碘化钾-淀粉溶液，滴加到KClO溶液中，观察现象，写

出反应方程式。

③ 从试剂瓶中取几滴10%的NaClO溶液，加1～2滴0.1mol·L^{-1}的$Co(NO_3)_2$溶液，观察现象，写出反应方程式，说明次氯酸盐的性质。

根据以上反应和电极电势说明次氯酸盐的氧化性。

(2) 氯酸钾的氧化性

① 取少量$KClO_3$晶体两份，分别加入$MnSO_4$溶液和品红溶液并搅拌，观察现象，比较次氯酸盐和氯酸盐氧化性的强弱。

② 取少量$KClO_3$晶体，加入少量6mol·L^{-1} HCl。用KI-淀粉试纸检查气体产物，写出反应方程式。

③ 取少量$KClO_3$晶体，滴加水溶解后，加少量KI溶液和CCl_4，检查pH，然后酸化，根据pH近似计算电极电势，并说明CCl_4的颜色为什么不同。

(3) 碘酸钾的氧化性

给定试剂：0.1mol·L^{-1} KIO_3，0.1mol·L^{-1} Na_2SO_3，3mol·L^{-1} H_2SO_4，淀粉溶液，pH试纸。

观察实验现象，写出反应方程式。根据用pH试纸检查碘酸钾与亚硫酸钠混合溶液的pH和标准电极电势，说明碘酸钾氧化性与酸度的关系。

6) 设计性实验

(1) 有Cl^-，Br^-，I^-混合物溶液，试设计分离检出方案。

(2) 有三瓶白色固体试剂失去了标签，它们是KClO，$KClO_3$和$KClO_4$，请设计实验加以鉴别。

4. 思考题

(1) 用实验事实说明卤素氧化性和卤离子还原性的强弱。

(2) 用实验事实说明次氯酸钾和氯酸钾氧化性的强弱。

(3) 用氯水作用KI溶液时，如果氯水过量，CCl_4层碘的紫色会消失，用Na_2SO_3溶液作用碘酸钾时，如果Na_2SO_3过量淀粉的蓝色也会消失。两个反应有什么不同？这说明碘的什么性质？

附注

(1) 氯气有毒和刺激性，吸入后会刺激喉管，引起咳嗽、喘息，进行有氯气产生的实验必须在通风橱中操作，闻氯气时不能直对瓶口。

(2) 溴蒸气对气管、肺、眼、鼻、喉有强烈的刺激作用。液体溴有很强的腐蚀性，能灼伤皮肤，严重时会使皮肤溃烂。移取时需戴橡皮手套。溴水的腐蚀性虽比液体溴弱，但使用时也不能直接由瓶内倾注，而应用滴管移用。如果不慎溅在手上，可先用水冲洗，再用乙醇洗。

(3) 氟化氢气体有剧毒和强腐蚀性，吸入会中毒。它能灼伤皮肤，制备和使用时应在通风橱内进行。移取时要用塑料滴管，戴上橡皮手套。

(4) 氯酸钾是强氧化剂，它与硫磷的混合物是炸药，因此不能把它们混合在一起。氯酸钾易爆炸，不宜用力研磨、烘干或烤干。如需烘干时，温度一定要严格控制，不能过高。使用氯酸钾的实验，反应后应把残物回收，不允许倾入酸缸中。

实验 22　氧、硫

瑞典化学家舍勒(C. W. Scheele)在加热红色的氧化汞、黑色的氧化锰、硝石等时制得了氧气，把燃着的蜡烛放在这个气体中，火烧得更加明亮，他把这个气体称为“火空气”。

1776 年，法国化学家拉瓦锡首先确定了硫的不可分割性，认为它是一种元素。它的拉丁名称为 sulphur，传说来自印度的梵文 sulvere，原意为鲜黄色，它的英文名称为 sulfur，元素符号为 S。

1. 实验目的

(1) 掌握过氧化氢的酸性、氧化还原性。

(2) 掌握硫化氢、二氧化硫、过二硫酸盐等常见化合物的性质。

2. 仪器和药品

电磁搅拌器，吸滤装置，蒸馏瓶，分液漏斗，$KMnO_4$(0.1mol·L^{-1})，$K_2Cr_2O_7$(0.1mol·L^{-1})，KI(0.1mol·L^{-1})，$Na_2S_2O_3$(0.1mol·L^{-1})，$AgNO_3$(0.1mol·L^{-1})，$MnSO_4$(0.1mol·L^{-1})，$Pb(NO_3)_2$(0.1mol·L^{-1})，H_2SO_4(1mol·L^{-1})，HCl(6mol·L^{-1})，H_2O_2(3%)，H_2S 水溶液，NaOH(2mol·L^{-1}，6mol·L^{-1})，乙醚，品红溶液，$K_2S_2O_8$ 固体，Na_2SO_3 固体，$Pb(Ac)_2$ 试纸。

3. 实验内容

1) 过氧化氢的性质

(1) 过氧化氢的酸性

向试管中加入 3% 的 H_2O_2 溶液 1mL，再加入 6mol·L^{-1} 的 NaOH 溶液约 0.5mL 和少量乙醇振荡，并用冰水冷却，观察产物的颜色和状态，写出反应方程式。

(2) 过氧化氢的氧化性

在试管中加入几滴 KI 溶液和 1mol·L^{-1} H_2SO_4 溶液，然后滴加 H_2O_2 溶

液，观察现象写出反应方程式。向另一个试管中加入 $Pb(NO_3)_2$ 溶液后，滴加 H_2S 的饱和溶液，然后滴加 H_2O_2 溶液，观察沉淀颜色发生什么变化？写出反应方程式。

(3) 过氧化氢的还原性

在试管中依次加入 0.1mol·L^{-1} $KMnO_4$，1mol·L^{-1} H_2SO_4，3% H_2O_2 溶液，观察现象并写出反应方程式。在另一试管中依次加入 3% H_2O_2，2mol·L^{-1} NaOH，0.1mol·L^{-1} $AgNO_3$ 溶液，观察现象，检查产生的气体并写出反应方程式。

(4) 介质对过氧化氢氧化还原性的影响

H_2O_2 作氧化剂(碱性)：

$$HO_2^- + H_2O + 2e^- = 3OH^- \qquad \varphi^\ominus(HO_2^-/OH^-) = 0.87V$$

$$MnO_2 + 2H_2O + 2e^- = Mn(OH)_2\downarrow + 2OH^-$$

$$\varphi^\ominus(MnO_2/Mn(OH)_2) = -0.0514V$$

$$H_2O_2 + Mn(OH)_2 = MnO_2\downarrow + 2H_2O$$

H_2O_2 作还原剂(酸性)：

$$H_2O_2 = 2H^+ + O_2\uparrow + 2e^- \qquad \varphi^\ominus(O_2/H_2O_2) = 0.695V$$

$$MnO_2 + 4H^+ + 2e^- = Mn^{2+} + 2H_2O \qquad \varphi^\ominus(MnO_2/Mn^{2+}) = 1.229V$$

$$H_2O_2 + MnO_2 + 2H^+ = Mn^{2+} + O_2\uparrow + 2H_2O$$

在试管内加入少量 H_2O_2 溶液，滴加 2mol·L^{-1}NaOH 溶液至碱性后，再滴加 $MnSO_4$ 溶液，有何现象？生成的沉淀用 H_2SO_4 酸化后，加入 H_2O_2 溶液又有什么变化？

(5) 过氧化氢的鉴定

在试管中加入 3% H_2O_2 溶液 2mL，再加入 0.5mL 乙醚并用 1mol·L^{-1} H_2SO_4 酸化，然后滴加 $K_2Cr_2O_7$ 溶液，生成蓝色的过氧化铬。过氧化铬被萃取到乙醚中形成稳定的蓝色液层，但在酸性介质中不稳定，会慢慢分解。写出两个反应的方程式。此反应也可以用来鉴定铬。

2) 硫化氢和二氧化硫

(1) 硫化氢的还原性

中性溶液中，$KMnO_4$ 与 H_2S 反应产生棕褐色沉淀，常将 H_2S 氧化为游离态硫或硫酸盐：

$$8MnO_4^- + 3H_2S = 8MnO_2\downarrow + 3SO_4^{2-} + 6H_2O + 2OH^-$$

酸性溶液中，$KMnO_4$ 与 H_2S 生成 Mn^{2+} 无色溶液：

$$8MnO_4^- + 5H_2S + 14H^+ = 8Mn^{2+} + 5SO_4^{2-} + 12H_2O$$

在试管中取 1mL 0.1mol·L^{-1} 高锰酸钾溶液，滴加 1～2 滴 1mol·L^{-1} H_2SO_4，

然后加入饱和 H_2S 水溶液，观察实验现象。

(2) 二氧化硫的制备和性质

在蒸馏瓶内加 3g 固体 Na_2SO_3，由分液漏斗往 Na_2SO_3 上滴浓硫酸，即有 SO_2 气体产生，分别通入 $0.1mol \cdot L^{-1} KMnO_4$、$H_2S$ 水溶液和品红溶液中，观察现象，写出反应方程式。

3) 硫代硫酸钠的性质

(1) 硫代硫酸钠的分解

取少量 $Na_2S_2O_3$ 溶液，滴加 $1mol \cdot L^{-1}$ HCl 溶液，观察现象，写出反应方程式。

(2) 硫代硫酸钠的还原性

取少量 $Na_2S_2O_3$ 溶液。分别与碘水、氯水作用，并用 $BaCl_2$ 溶液对产物进行鉴定。写出反应方程式，可得出什么结论？

(3) 硫代硫酸钠的配位性

在 1 滴 $AgNO_3$ 溶液中，滴加 1～2 滴 $Na_2S_2O_3$ 溶液，观察溶液颜色的变化。

$$2Ag^+ + S_2O_3^{2-} = Ag_2S_2O_3 \downarrow$$

得到的硫代硫酸银沉淀，在水中立刻水解，颜色由白变黄变棕，最后至黑色的硫化银。

$$Ag_2S_2O_3 + H_2O = Ag_2S \downarrow + 2H^+ + SO_4^{2-}$$

硫代硫酸银溶于过量的 $Na_2S_2O_3$ 溶液中，形成 $[Ag(S_2O_3)_2]^{3-}$ 配离子。

4) 过二硫酸盐的氧化性

往 0.5mL $0.1mol \cdot L^{-1} MnSO_4$ 溶液中滴加 2mL $1mol \cdot L^{-1} H_2SO_4$ 和少量 $(NH_4)_2S_2O_8$ 固体。溶解后分成两份。其中一份加入 1 滴 $AgNO_3$ 溶液，然后一同水浴加热，观察两种溶液的颜色变化，比较两个反应的不同。过二硫酸盐在酸性介质中将 Mn^{2+} 氧化为高锰酸根的反应条件是什么？写出反应方程式。

4. 思考题

(1) 长时间放置 H_2S, Na_2S, Na_2SO_3 溶液会发生什么变化？

(2) $Na_2S_2O_3$ 溶液和 $AgNO_3$ 溶液反应，试剂的用量不同会导致产物有什么不同？

(3) H_2O_2 作氧化剂和还原剂的产物是什么？

(4) 解释酸性溶液 H_2O_2 不能氧化 Mn^{2+} 生成 MnO_4^- 的原因。

(5) 鉴别五种盐 Na_2S, Na_2SO_3, $Na_2S_2O_3$, $NaHSO_4$, $K_2S_2O_8$，写出实验方案。

实验 23　氮、磷、砷、锑、铋

氮是瑞典化学家舍勒根据自己的实验，认识到空气是由两种彼此不同的成分组成的，即支持燃烧的“火空气”和不支持燃烧的“无效的空气”。

磷是在 1669 年首先由德国汉堡一位叫汉林·布朗德的人发现的。他是怎么样取得磷的呢？他在蒸发尿的过程中，偶然地在曲颈瓶的接收器中发现一种特殊的白色固体，在黑暗中不断发光，就此发现了白磷。这和古代人们从矿物中取得的那些金属元素不同，白磷是第一个从有机体中取得的元素。它在空气中缓慢氧化，产生的能量以光的形式放出，因此在暗处发光。当白磷在空气中氧化到表面积聚的能量使温度达到 40℃时，便达到磷的燃点而自燃。所以白磷曾在 19 世纪早期被用于火柴的制作，但由于当时白磷的产量很少而且白磷有剧毒，并且使用白磷制成的火柴极易着火，不安全，所以很快就不再使用白磷制造火柴。到 1845 年，奥地利化学家施勒特尔发现了红磷，确定白磷和红磷是同素异形体。由于红磷无毒，在 240℃左右着火，受热后能转变成白磷而燃烧，于是红磷成为制造火柴的原料，一直沿用至今。磷的拉丁名称是 phosphorum，由希腊文 phos(光)和 phero(携带)组成，也就是“发光物”的意思，元素符号是 P。

Ⅰ　氮、磷

1. 实验目的

(1) 了解氨的制备及其还原性，掌握铵盐的热分解性质。

(2) 掌握亚硝酸盐、硝酸盐的热分解性质。

(3) 掌握磷酸盐的主要性质。

(4) 掌握铵离子、亚硝酸盐、硝酸盐及磷酸盐的鉴定方法。

2. 仪器和药品

导管，烧杯，表面皿，试纸，$NaNO_2$(0.2mol·L^{-1}、饱和)，$NaNO_3$(1mol·L^{-1})，NaClO(0.5mol·L^{-1})，Na_3PO_4(0.1mol·L^{-1})，Na_2HPO_4(0.1mol·L^{-1})，NaH_2PO_4(0.1mol·L^{-1})，$Na_4P_2O_7$(0.1mol·L^{-1})，KI(0.1mol·L^{-1})，NH_4Cl(0.1mol·L^{-1})，$KMnO_4$(0.1mol·L^{-1})，$BaCl_2$(0.2mol·L^{-1})，$CaCl_2$(0.2mol·L^{-1})，$AgNO_3$(0.1mol·L^{-1})，$FeSO_4$(0.5mol·L^{-1})，H_2SO_4(1mol·L^{-1}、浓)，HCl(浓)，HAc(6mol·L^{-1})，HNO_3(2mol·L^{-1}、浓)，氨水(2mol·L^{-1})，对氨基苯磺酸，H_2O_2(3%)，奈斯勒试剂，α-萘胺，KNO_3 固体，$Cu(NO_3)_2$ 固体，$AgNO_3$ 固体，$(NH_4)_2SO_4$ 固体，NH_4Cl 固体，$(NH_4)_2Cr_2O_7$ 固体，Zn 粒，$Ca(OH)_2$ 固体。

3. 实验内容

1) 铵盐

(1) 氨的还原性

① 氨与次氯酸钠作用

将 1g NH_4Cl 和 1g $Ca(OH)_2$ 混匀，倒入干燥的试管中，用带有导管的胶塞塞上，加热试管，将产生的氨气通入少量的 0.5mol・L^{-1} $NaClO$ 溶液中。过几分钟取出，加入 1 滴 $AgNO_3$ 溶液，观察单质银的产生。

这是因为氨的还原性。氨被氧化生成联氨，即肼，联氨是一个强还原剂，它能将 $AgNO_3$ 还原成单质银。用标准电极电势说明上述反应为什么能进行？写出反应方程式。

② 亚硝酸铵的分解

在试管中混合少量饱和 NH_4Cl 和 $NaNO_2$ 溶液，观察有无变化？然后将试管水浴加热，观察气体的生成，写出反应方程式，此反应也称消除反应。加热亚硝酸铵固体是实验室常用的制备氮的方法。

(2) 铵盐的热分解

取约 1g NH_4Cl 固体于试管中，并将其压紧，在管口贴一小条湿润的 pH 试纸，然后将试管加热，观察试纸颜色的变化，继续加热又有什么变化？写出反应方程式。

取少量$(NH_4)_2SO_4$ 固体，加热检查产生的气体，写出反应方程式。

结合亚硝酸铵、氯化铵、硫酸铵热分解，说明铵盐热分解的一般规律。

(3) 铵离子的鉴定

铵离子鉴定经常用气室法和奈氏法。

① 气室法

NH_4^+ 遇碱生成 NH_3，利用其挥发性和碱性进行鉴定。

设计实验方案，选择液体试剂进行鉴定。

② 奈氏法

奈斯勒试剂是碱性四碘合汞酸钾溶液，即 $K_2[HgI_4]$的 KOH 溶液，能与 NH_4^+ 生成红棕色沉淀，即碘化氧二汞胺。反应为：

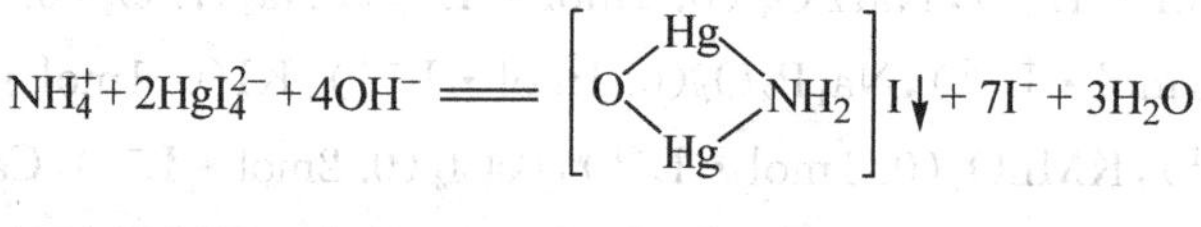

取 1 滴铵盐溶液，加 1 滴奈斯勒试剂，观察沉淀的生成。

2) 亚硝酸和亚硝酸盐

(1) 亚硝酸的生成和分解

向试管内加入少量饱和 $NaNO_2$ 溶液，用冰水冷却后再加入约同体积的

$2mol \cdot L^{-1} H_2SO_4$，混匀，观察溶液的颜色有什么变化。然后从冰水中取出试管，放置片刻又有什么变化？写出反应方程式。加以解释。

(2) 亚硝酸的氧化还原性

用下列给定的试剂实验亚硝酸的氧化性、还原性。

试剂：$0.2mol \cdot L^{-1} NaNO_2$，$0.1mol \cdot L^{-1} KI$，$0.2mol \cdot L^{-1} KMnO_4$，$2mol \cdot L^{-1} H_2SO_4$。写出各试剂的用量，实验现象和反应方程式。根据溶液的 pH 近似计算电极电势，说明反应酸化的原因。

3) 硝酸和硝酸盐

(1) 硝酸的氧化性

向少量的硫黄粉中，加入少量的浓 HNO_3 后，水浴加热，观察有何气体产生？冷却后检查反应的产物，写出反应方程式。

往两支试管中各加一粒锌粒，然后向其中一支试管内加入少量浓 HNO_3，而向另一试管中加少量 $2mol \cdot L^{-1} HNO_3$，观察反应产物和反应速率有什么不同？

待反应进行片刻后，鉴定锌与稀硝酸反应是否有 NH_4^+ 生成，写出反应方程式。

(2) 硝酸盐的热分解

向试管中分别加入少量固体 KNO_3，$Cu(NO_3)_2$，$AgNO_3$，然后加热熔化分解，观察产物的颜色和状态，检查产生的气体，写出反应方程式。总结硝酸盐热分解的规律。

(3) 硝酸根的鉴定

向试管内加入 $0.5mol \cdot L^{-1} FeSO_4$ 1mL 和几滴 $1mol \cdot L^{-1} NaNO_3$ 溶液摇匀，将试管斜持沿管壁加入 1 滴浓 H_2SO_4 沉至管底，分为两层，在界面处有一棕色环，即生成亚硝基合亚铁离子，反应为：

$$NO_3^- + 3Fe^{2+} + 4H^+ \longrightarrow NO\uparrow + 3Fe^{3+} + 2H_2O$$

$$NO + Fe^{2+} \longrightarrow [Fe(NO)]^{2+}$$

NO_2^- 虽有类似的反应，但只生成棕色溶液而不成环。

4) 磷酸盐的性质

(1) 向试管中分别加入几滴 Na_3PO_4，Na_2HPO_4 和 NaH_2PO_4 溶液，并检查其 pH。然后各加入约 3 倍体积的 $AgNO_3$ 溶液。观察现象并检查 pH，解释为什么并写出反应方程式。

(2) 向 Na_3PO_4，Na_2HPO_4，NaH_2PO_4 溶液中加入 $0.2mol \cdot L^{-1} CaCl_2$ 溶液，观察有无沉淀产生？各滴加氨水后有什么变化？再加 $2mol \cdot L^{-1} HCl$ 溶液又有什么变化？

比较 $Ca_3(PO_4)_2$，$CaHPO_4$，$Ca(H_2PO_4)_2$ 的溶解度，说明它们之间的转化条件，写出反应方程式。

(3) 对 PO_3^-，PO_4^{3-}，$P_2O_7^{4-}$ 的鉴定

取 $NaPO_3$，Na_3PO_4，$Na_4P_2O_7$ 溶液，然后分别加入 $AgNO_3$ 溶液，观察沉淀

的颜色，写出反应方程式。正磷酸盐也可以用生成磷钼酸铵的方法进行鉴定。

5）设计实验

（1）在 PO_4^{3-} 溶液中混有少量的 Cl^- 和 SO_4^{2-}，设计鉴定这些离子并除去 Cl^- 和 SO_4^{2-} 的实验步骤。

（2）有一种白色固体盐类，由下列实验进行检验。

① 取少量固体溶于水。

② 取少量固体加入 NaOH 溶液并加热。

③ 取少量固体加入少量浓 HCl。

它们可能是哪种盐？选择其他试剂进一步确定，写出实验方案、实验现象和反应方程式。

4. 思考题

（1）化学反应中为什么一般不用 HNO_3 和 HCl 作酸性介质？

（2）铜与浓 HNO_3 和稀 HNO_3 反应及锌与浓 HNO_3 和稀 HNO_3 反应的产物有什么不同？

（3）有 $NaNO_3$ 和 $NaNO_2$ 溶液，用三种方法加以区别。

Ⅱ 砷、锑、铋

1. 实验目的

（1）实验砷、锑、铋的某些氧化物、氢氧化物的酸碱性。

（2）实验锑（Ⅲ）、铋（Ⅲ）盐的水解作用。

（3）实验砷、锑、铋含氧酸盐的氧化还原性。

（4）实验砷、锑、铋硫化物、硫代酸盐的性质。

2. 实验内容

用给定的试剂验证化合物的各种性质，写出反应方程式、步骤、现象、试剂用量及结果分析。

1）氧化砷、氢氧化锑、氢氧化铋的酸碱性

（1）氧化砷的酸碱性

通过 As_2O_3 在酸、碱中的溶解实验来说明它的酸碱性。给定试剂：6mol·L^{-1} HCl，浓 HCl，2mol·L^{-1} NaOH，固体 As_2O_3（保留 As_2O_3 的酸溶液和碱溶液，供以下实验用）。

（2）氢氧化锑、氢氧化铋的酸碱性

制备少量 $Sb(OH)_3$，$Bi(OH)_3$，并通过它们在酸、碱中的溶解实验来比较它们的酸碱性。给定试剂：0.2mol·L^{-1} $SbCl_3$，0.2mol·L^{-1} $Bi(NO_3)_3$，2mol·L^{-1} NaOH，2mol·L^{-1} HCl，6mol·L^{-1} NaOH，6mol·L^{-1} HCl。

2）锑(Ⅲ)、铋(Ⅲ)盐的水解作用

把少量 $SbCl_3$ 固体加到去离子水中，有何现象？用 pH 试纸实验溶液的酸碱性。然后于溶液中滴加 6mol·L^{-1} HCl，待沉淀溶解后，再把所得溶液用去离子水稀释，又有什么变化？用同样的方法进行 $BiCl_3$ 的水解实验。

3）砷、锑、铋的某些含氧酸盐的氧化还原性

（1）As(Ⅲ)和碘水反应

往内容1)(1)所得的 $NaAs(OH)_4$ 溶液中滴加 2mol·L^{-1} H_2SO_4 至溶液近中性，然后滴加碘水，有何现象？再用 H_2SO_4 溶液把所得溶液调至强酸性，又有何现象？

（2）Sb(Ⅲ)的还原性与 Sb(Ⅴ)的氧化性

取 0.2mol·L^{-1} $SbCl_3$ 溶液 0.5mL，加入 6mol·L^{-1} NaOH 直至生成的沉淀全部溶解。另取 1mL 0.1mol·L^{-1} $AgNO_3$，加入 2mol·L^{-1} $NH_3\cdot H_2O$ 直至生成的沉淀全部溶解。将所得两溶液混合均匀，加热，即发生反应：

$$Sb(OH)_4^- + 2Ag(NH_3)_2^+ + 2OH^- = Sb(OH)_6^- + 4NH_3 + 2Ag\downarrow$$

另取 1mL 饱和 $KSb(OH)_6$ 溶液，用 6mol·L^{-1} H_2SO_4 调至酸性，再滴加 KI 溶液，观察现象并加解释。

（3）Bi(Ⅴ)和 Mn^{2+} 反应

取 3mL 2mol·L^{-1} HNO_3，加入2滴 0.05mol·L^{-1} $MnSO_4$，然后再加入少量 $NaBiO_3$ 固体，搅拌并微热，观察并解释现象。

4）砷、锑、铋硫化物和砷、锑硫代酸盐的生成及性质

（1）制取 As_2S_3，Sb_2S_3，Bi_2S_3 沉淀

在3支试管中分别加入 0.5mL $AsCl_3$ 溶液（实验内容1)中 As_2O_3 与 HCl 反应得到的溶液），0.1mol·L^{-1} $SbCl_3$，0.1mol·L^{-1} $BiCl_3$，再通入 H_2S 气体，观察硫化物的颜色，离心分离，弃去清液。用去离子水将沉淀洗涤两次。

（2）As_2S_3，Sb_2S_3，Bi_2S_3 的酸碱性

通过 As_2S_3，Sb_2S_3，Bi_2S_3 在 6mol·L^{-1} HCl，2mol·L^{-1} Na_2S 溶液中的溶解实验来说明它们的酸碱性。写出实验步骤及现象。将实验结果填入下表。

硫化物		溶解情况		硫化物的酸碱性
化学式	颜色	HCl(6mol·L^{-1})	Na_2S(2mol·L^{-1})	
As_2S_3				
Sb_2S_3				
Bi_2S_3				

(3) 砷(Ⅲ)、锑(Ⅲ)硫代酸盐的性质

把上述硫化物溶于 2mol・L^{-1} Na_2S 溶液后所得的清液，再用 2mol・L^{-1} HCl 酸化，解释现象。

5) 废液处理

向收集到的含砷、锑的废液中，通入 H_2S，使砷、锑以硫化物沉淀出来。(为使它们尽量沉淀完全，根据前面的实验，应控制溶液是酸性还是碱性?)

3. 思考题

(1) 怎样配制 $SbCl_3$，$Bi(NO_3)_3$ 溶液?

(2) $Bi(NO_3)_3$ 水解产物 $BiONO_3$，溶于 HCl 溶液要比溶于 HNO_3 溶液容易得多，试说明原因。

(3) 实验内容"3)(1)"中为什么先要用酸将 $NaAs(OH)_4$ 溶液调至近中性后，再加碘水进行实验? 其原因是否在于强碱性介质中 $NaAs(OH)_4$ 不能还原 I_2?

(4) 利用 $Bi(NO_3)_3$ 溶液制得的 Bi_2S_3，洗涤后有时要比洗涤前更难溶于 6mol・L^{-1} HCl，这是为什么?

(5) 请用两种方法分离溶液中的 Sb^{3+} 和 Bi^{3+}。

实验 24　碳、硅、锡、铅

碳的命名取自拉丁语"木炭"之意。拉丁语中"煤"称为 carbo，所有格为 carbonis，英语中元素碳(carbon)的名称就是由此得来的。

硅酸是一种比较特殊的无机酸。著名无机化学家南京大学戴安邦先生对硅酸的溶胶-凝胶过程进行过专门的研究，提出硅酸从溶胶变成凝胶的过程可以看做是硅酸聚合过程。

在中性的溶液中，硅酸主要是以 H_4SiO_4 溶胶存在，由于离子浓度较小，静电排斥小，分子间力增加，使得聚合速率加快。硅酸钠溶液并不发生胶凝作用，因为在其中的原硅酸根，皆带有负电荷，两者之间不能发生聚合作用。加入一定量的酸后会发生胶凝作用。随着硅酸钠溶液中酸加入量的增加，胶凝速度加快。原因是在强碱性溶液中，硅酸根主要以 $H_2SiO_4^{2-}$ 和 $H_3SiO_4^-$ 负离子形式存在，离子之间互相排斥，聚合速率较慢。在强酸性溶液中，硅酸根主要以 $H_4SiO_5^+$ 正离子形式存在，离子之间互相排斥，聚合速率也较慢。而在中性、弱酸性或弱碱性的溶液中，存在着大量的硅酸分子。

硅酸的聚合是硅酸分子和正一价离子或负一价离子之间的缩合作用。硅酸聚合有两种方式：

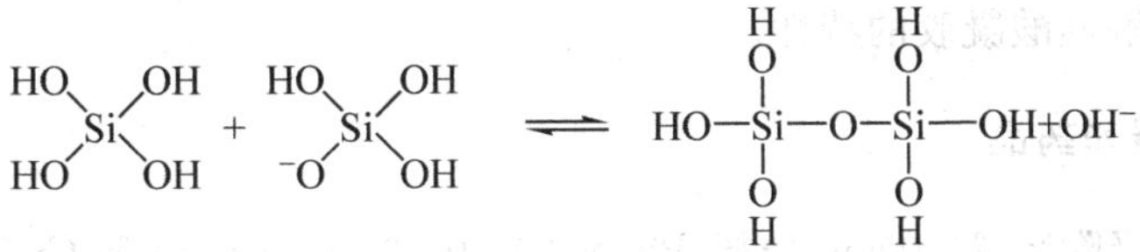

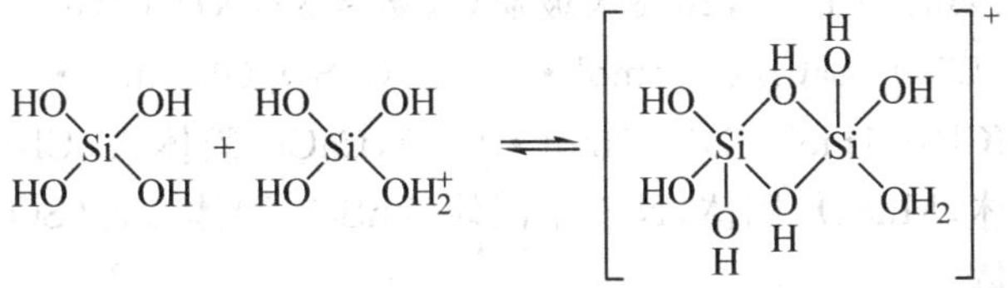

影响硅酸溶胶-凝胶过程的主要因素是硅酸的浓度、温度、酸度。浓度越大，温度越高，硅酸聚合速率越快。酸度对硅酸聚合速率影响比较复杂。在 $pH<7$ 或 $pH>9$ 时硅酸聚合速率较慢，硅酸从溶胶变凝胶过程的速率(聚合过程速率)呈“N”形曲线变化规律[①](图 5-1)。

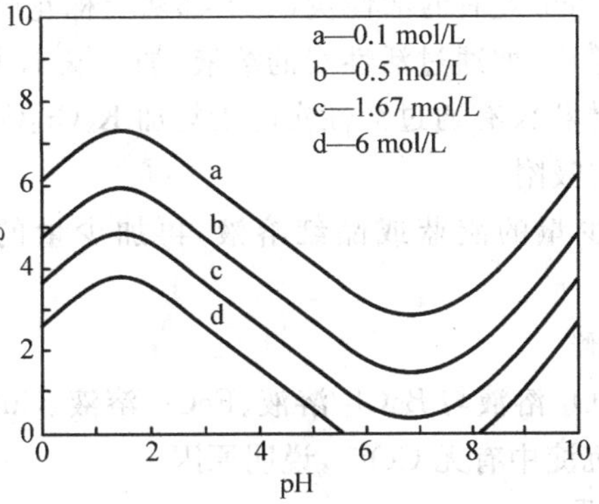

图 5-1　酸度和硅酸浓度对硅溶胶-胶凝速率的影响[②,③]

Ⅰ　碳、硅

1. 实验目的

(1) 掌握活性炭的吸附作用。

(2) 掌握碳酸盐、硅酸盐的水解规律。

① 戴安邦，陈荣三. 硅酸及其盐的研究[J]. 上海：化学学报，1963，29(6)：384-389.

② 戴安邦，陈荣三，朱屯. 硅酸及其盐的研究Ⅶ. 一个较完全的 N-曲线[J]. 南京：南京大学学报(化学版)，1963(1)：20-29.

③ 崔爱莉，王亭杰，金涌. TiO_2 表面包覆 SiO_2 和 Al_2O_3 的机理和结构分析[J]. 长春：高等学校化学学报，1998，19(11)：1727-1729.

(3) 了解硅酸凝胶的特性。

2. 仪器和药品

活性炭吸附装置，500mL 烧杯，$Pb(NO_3)_2$(0.001mol·L^{-1})，$K_2Cr_2O_7$(0.1mol·L^{-1})，Na_2CO_3(0.2mol·L^{-1})，20%水玻璃(模数≈3)，NH_4Cl(0.1mol·L^{-1})，$FeCl_3$(0.1mol·L^{-1})，$BaCl_2$(0.1mol·L^{-1})，$CuSO_4$(0.1mol·L^{-1})，H_2SO_4(1mol·L^{-1})，HCl(0.1mol·L^{-1}，6mol·L^{-1})，$CaCl_2$ 固体，$CoCl_2$ 固体，$FeCl_3$ 固体，$CuSO_4$ 固体，$MnSO_4$ 固体，$NiSO_4$ 固体，$ZnSO_4$ 固体，$Fe_2(SO_4)_3$ 固体，活性炭，$PbCO_3$ 固体。

3. 实验内容

1) 活性炭的吸附作用

(1) 对无机物的吸附

用细玻璃管装 10cm 左右的活性炭，上下都塞上棉花团。将 0.001mol·L^{-1} 的 $Pb(NO_3)_2$ 加入管内，取通过活性炭的溶液，加 1 滴 $K_2Cr_2O_7$ 溶液，观察有无沉淀生成并与相同体积没有通过活性炭的铅盐加 $K_2Cr_2O_7$ 溶液作比较。

(2) 对有机物的吸附

在试管中加入少量的靛蓝或品红溶液，再加少量的活性炭，观察颜色的变化。

2) 碳酸盐的水解

分别实验 Na_2CO_3 溶液与 $BaCl_2$ 溶液、$FeCl_3$ 溶液、$CuSO_4$ 溶液的作用，观察沉淀的产生并检查沉淀中有无 CO_3^{2-}，说明原因。

3) 硅酸盐的性质

(1) 硅酸盐的生成——“水中花园”

绝大多数的硅酸盐都难溶于水，且很多都呈现出美丽的颜色。金属离子与硅酸根离子的反应式如下：

$$M^{2+} + SiO_3^{2-} \longrightarrow MSiO_3$$

$$2M^{3+} + 3SiO_3^{2-} \longrightarrow M_2(SiO_3)_3$$

例如，$Fe_2(SiO_3)_3$(棕红色)，$CaSiO_3$(白色)，$CuSiO_3$(蓝色)，$CoSiO_3$(紫红色)，$NiSiO_3$(绿色)，$MnSiO_3$(肉色)等金属盐与硅酸盐形成的颜色与原盐的颜色相似。将固态的金属盐放到盛有硅酸钠溶液的烧杯中，不要移动，原盐开始溶解，表面溶解的金属离子立即与 SiO_3^{2-} 生成具有半透膜性质的硅酸盐膜。由于水分子往膜内渗透，使得膜内渗透压增大，以致顶破膜层，金属离子又外露，再与 SiO_3^{2-} 成膜，如此反复。由于液面压力较小，所以“石笋”是往上长的。

在 500mL 烧杯中注入 20%的 Na_2SiO_3 溶液 200mL，用镊子将选好的盐颗粒(最好为块状)小心地放入烧杯中，每块盐要分开一定距离。数分钟后，各种不同颜色的硅酸盐就像植物一样从水底生长出来，形成美丽的"水底花园"。

(2) 硅酸盐的水解

取少量20%的水玻璃溶液，先检查其pH，然后加约2倍体积的饱和NH_4Cl溶液，观察沉淀的生成并检查产生的气体。

(3) 硅酸凝胶的生成

在少量水玻璃溶液中，通入CO_2，观察现象，写出反应方程式。

在少量水玻璃溶液中，滴加$6mol \cdot L^{-1}$ HCl溶液，观察现象，如无凝胶生成可微热，写出反应方程式。

探究式设计实验：有兴趣的同学可以根据硅酸聚合的原理，设计相同浓度不同酸度和相同酸度不同浓度的实验方案再证"N型曲线"。

4. 思考题

(1) 比较H_2CO_3和H_2SiO_3的性质有什么异同？为什么在Na_2SiO_3溶液中通入CO_2能置换出硅酸？

(2) 为什么不能用磨口玻璃瓶盛装碱性溶液？

(3) 用最简单的方法鉴别下列失去标签的物质：

碳酸钠、碳酸氢钠，磷酸钠、磷酸二氢钠、磷酸一氢钠、硫酸钠、硫酸氢钠。

Ⅱ　锡、铅

1. 实验目的

(1) 了解锡、铅氢氧化物的酸碱性。

(2) 了解锡(Ⅱ)的还原性、铅(Ⅳ)的氧化性。

(3) 了解锡(Ⅱ)、铅(Ⅱ)难溶盐的生成及性质。

2. 仪器和药品

$0.1mol \cdot L^{-1}$ $SnCl_2$，$0.1mol \cdot L^{-1}$ $SnCl_4$，$0.1mol \cdot L^{-1}$ $Pb(NO_3)_2$，$2mol \cdot L^{-1}$ NaOH，$6mol \cdot L^{-1}$ NaOH，$2mol \cdot L^{-1}$ HNO_3，$2mol \cdot L^{-1}$ HCl，金属锡粒，浓HNO_3，$SnCl_2 \cdot 2H_2O$固体，$0.1mol \cdot L^{-1}$ $HgCl_2$，$0.1mol \cdot L^{-1}$ $Bi(NO_3)_3$，$0.1mol \cdot L^{-1}$ $MnSO_4$，PbO_2固体，$0.1mol \cdot L^{-1}$ $Pb(NO_3)_2$，$0.1mol \cdot L^{-1}$ K_2CrO_4，$0.1mol \cdot L^{-1}$ K_2SO_4，$6mol \cdot L^{-1}$ HNO_3，饱和NH_4Ac，硫代乙酰胺溶液。

3. 实验内容

1) 锡(Ⅱ)、铅(Ⅱ)氢氧化物的酸碱性

现有试剂：$0.1mol \cdot L^{-1}$ $SnCl_2$，$0.1mol \cdot L^{-1}$ $Pb(NO_3)_2$，$2mol \cdot L^{-1}$ NaOH，

6mol·L^{-1} NaOH，2mol·L^{-1} HNO_3。请制备少量 $Sn(OH)_2$ 和 $Pb(OH)_2$，并分别实验它们的酸碱性。

写出实验步骤、现象及试剂的用量，并把实验结果填入下表中。

氢氧化物		溶解情况			酸碱性
化学式	颜色	NaOH(2mol·L^{-1})	NaOH(6mol·L^{-1})	HNO_3(2mol·L^{-1})	
$Sn(OH)_2$					
$Pb(OH)_2$					

2) α-锡酸与β-锡酸的生成和性质

(1) α-锡酸的生成

向盛有 1mL 0.1mol·L^{-1} $SnCl_4$ 溶液的试管中滴加 2mol·L^{-1} NaOH 溶液，观察产物的颜色和状态。离心分离，用水洗涤，即得 α-锡酸。

(2) β-锡酸的生成

取少量金属锡与浓 HNO_3 作用，加热之(NO_2 有毒，应在通风橱内操作)。观察反应情况及产物的颜色和状态。离心分离，用水洗涤，即得 β-锡酸。

(3) α-锡酸和β-锡酸的性质比较

分别实验并比较α-锡酸和β-锡酸在 2mol·L^{-1} HCl，2mol·L^{-1} NaOH 中的溶解情况，可微微加热。写出实验步骤、现象，把实验结果填入下表。

	溶解情况	
	HCl(2mol·L^{-1})	NaOH(2mol·L^{-1})
α-锡酸		
β-锡酸		

3) 锡(Ⅱ)盐的水解性、还原性及 Pb(Ⅳ)的氧化性

(1) 氯化亚锡的水解

把少量 $SnCl_2 \cdot 2H_2O$ 晶体溶于去离子水中，把它放置 2～3min 后，观察现象，写出反应式，并加以解释。

(2) 氯化亚锡的还原性

往 0.5mL 0.1mol·L^{-1} $HgCl_2$ 中逐滴加入 0.1mol·L^{-1} $SnCl_2$ 观察现象。

$$2HgCl_2 + SnCl_2 = Hg_2Cl_2 \downarrow + SnCl_4$$

继续加过量的 0.1mol·L^{-1} $SnCl_2$，并不断搅拌，然后放置 2～3min，观察现象。

$$Hg_2Cl_2 + SnCl_2 = 2Hg \downarrow + SnCl_4$$

这一反应常用于 Sn^{2+} 和 Hg^{2+} 的鉴定。

(3) 亚锡酸钠的还原性

往0.5mL 0.1mol·L^{-1} $SnCl_2$ 中加入2mol·L^{-1} NaOH，至生成的沉淀溶解后，再加几滴NaOH，然后加几滴0.1mol·L^{-1} $Bi(NO_3)_3$，立即析出黑色的金属铋：

$$3Sn(OH)_3^- + 2Bi^{3+} + 9OH^- \longrightarrow 3Sn(OH)_6^{2-} + 2Bi\downarrow$$

这一反应常用于鉴定Bi^{3+}。

(4) 二氧化铅的氧化性

取少量PbO_2固体与浓HCl作用，观察现象，写出反应式。

在试管中加几滴0.1mol·L^{-1} $MnSO_4$ 和1mL 6mol·L^{-1} HNO_3，再加一小匙PbO_2固体，搅拌之，把试管放在水浴上加热，发生什么变化？写出反应式。

4) 铅(Ⅱ)、锡(Ⅱ)的难溶化合物

(1) 铅(Ⅱ)的难溶化合物

现有试剂：0.1mol·L^{-1} $Pb(NO_3)_2$，2mol·L^{-1} HCl，0.1mol·L^{-1} K_2CrO_4，0.1mol·L^{-1} K_2SO_4，6mol·L^{-1} HNO_3，6mol·L^{-1} NaOH，饱和NH_4Ac。先制备少量$PbCl_2$，$PbCrO_4$ 和 $PbSO_4$ 沉淀，然后分别实验并比较它们在热水，6mol·L^{-1} NaOH，6mol·L^{-1} HNO_3 及饱和NH_4Ac中的溶解情况。把实验结果填入下表中。

难溶化合物		溶解情况		
化学式	颜色	NaOH(6mol·L^{-1})	HNO_3(6mol·L^{-1})	NH_4Ac(饱和)
$PbCl_2$				
$PbSO_4$				
$PbCrO_4$				

(2) 锡(Ⅱ)、铅(Ⅱ)的硫化物

往两支试管中分别加入1mL 0.1mol·L^{-1} $Pb(NO_3)_2$ 和1mL 0.1mol·L^{-1} $SnCl_2$，然后加入硫代乙酰胺(水解提供S^{2-})，观察反应产物的颜色和状态。离心分离，弃去溶液。然后分别取两份沉淀少量(约2滴)，实验它们与6mol·L^{-1} HNO_3 和20%$(NH_4)_2S$溶液的溶解情况，写出反应式。

4. 思考题

(1) 实验室配制$SnCl_2$溶液时，为什么既要加HCl，又要加锡粒？久置此溶液，其中的Sn^{2+}，H^+浓度能否保持不变？为什么？

(2) 能否在水溶液中制得Al_2S_3？为什么？

(3) 如何鉴别下列物质？

① $BaSO_4$ 与 $PbSO_4$；② $BaCrO_4$ 与 $PbCrO_4$；③ $PbSO_4$ 与 $PbCrO_4$。

(4) 如何鉴定 PbO_2 与浓 HCl 反应时所产生的气体？

(5) 用向溶液中通 CO_2 的方法制取 $PbCO_3$ 沉淀时，应选用 $Pb(Ac)_2$ 溶液还是 $Pb(NO_3)_2$ 溶液？为什么？

实验 25　硼、铝

德国化学家维勒用热碳酸钾溶液与沸腾的明矾溶液作用（离子方程式表示为：$3CO_3^{2-}+2Al^{3+}+3H_2O = 2Al(OH)_3\downarrow+3CO_2\uparrow$），将所得到的氢氧化铝经过洗涤和干燥以后，与木炭、糖、油等混合，调成糊状，然后放在密闭的坩埚中加热，得到了氧化铝和木炭的烧结物，将这些烧结物加热到红热的程度，通入干燥的氯气，就得到了无水氯化铝。维勒将少量金属钾放在铂坩埚中，然后在它的上面覆盖一层过量的无水氯化铝，并用坩埚盖将反应物盖住。对坩埚加热以后，很快就达到了白热的程度，说明反应已经完成。待坩埚冷却后投进水中，发现坩埚中的混合物并不与水发生反应，水溶液也不显碱性，这说明金属钾已反应完全，剩余的银灰色粉末就是金属铝。

硼是 1808 年英国化学家戴维在用电解的方法发现钾后不久，又用电解熔融三氧化二硼的方法制得的棕色的硼。同年法国化学家盖-吕萨克用金属钾还原无水硼酸制得单质硼。硼被命名为 boron，它的命名源自阿拉伯文，原意是“焊剂”的意思。这说明古代阿拉伯人很早就已经知道了硼砂具有熔融金属氧化物的能力，并因此在焊接中用来做助熔剂。

1. 实验目的

(1) 掌握硼、铝的主要化学性质，比较它们的异同。

(2) 了解硼酸及其盐的性质。

2. 仪器和药品

$2mol\cdot L^{-1}$ HCl，$2mol\cdot L^{-1}$ NaOH，浓 HNO_3，$0.5mol\cdot L^{-1}$ $NaNO_3$，40% NaOH，铝片，10% $K_2Cr_2O_7$，$1mol\cdot L^{-1}$ $Al_2(SO_4)_3$，$2mol\cdot L^{-1}$ $NH_3\cdot H_2O$，饱和的 $(NH_4)_2SO_4$，饱和硼砂溶液，浓 H_2SO_4，H_3BO_3 固体，乙醇，甲基橙，甘油，镍铬丝，硝酸钴固体。

3. 实验内容

1) 单质铝的性质

(1) 铝与水及一些酸、碱、氧化剂的反应

将铝片用砂纸除去表面氧化膜后分别实验其与①热水，②冷水，③$2mol\cdot$

L^{-1} HCl，④2mol·L^{-1} NaOH，⑤冷、浓 HNO_3，⑥热、浓 HNO_3，⑦0.5mol·L^{-1} $NaNO_3$ +40%NaOH 的反应，并证实⑦反应产物中 NH_3 的生成。写出反应式，并由实验简单总结金属铝的性质。

(2) 金属铝片的钝化

将金属铝片放在 10% $K_2Cr_2O_7$ 溶液中泡浸 5min 以上，取出。分别将已钝化了的铝及未钝化铝投入 2mol·L^{-1} HCl 溶液中，观察现象并给予解释。

2) 铝盐的性质

(1) 两性

向试管中加入 1mol·L^{-1} $Al_2(SO_4)_3$ 溶液。再滴加 2mol·L^{-1} $NH_3 \cdot H_2O$，观察现象。将每份沉淀分为三份，分别实验它们与 2mol·L^{-1} HCl，NaOH，$NH_3 \cdot H_2O$ 的反应，记录现象，写出反应式。

(2) 成矾作用

取 1mL 1mol·L^{-1} $Al_2(SO_4)_3$ 溶液加入 1mL 饱和的 $(NH_4)_2SO_4$ 溶液，稍稍静置，有什么现象？如溶液仍是澄清透明，可稍摩擦试管壁，观察现象，写出反应式。

(3) Al^{3+}的水解

① 实验 1mol·L^{-1} $Al_2(SO_4)_3$ 溶液的酸碱性。

② 分别向三支盛有 1mol·L^{-1} $Al_2(SO_4)_3$ 溶液的试管中滴加 0.5mol·L^{-1} Na_2CO_3，0.5mol·L^{-1} Na_2S，1mol·L^{-1} NaAc 溶液，观察现象，写出反应式。

3) 硼酸及其盐的性质

(1) 硼酸的制备

往 1mL 饱和硼砂溶液中加入 0.5mL 浓 H_2SO_4，搅拌并用冰水冷却，观察产物的状态，写出反应方程式。

(2) 将少量 H_3BO_3 固体置于蒸发皿中，加 1mL 乙醇混合后，点燃，观察火焰的颜色，写出反应方程式。此反应可以作为硼酸的鉴定方法。

(3) 硼酸的酸性

在试管中加入少量 H_3BO_3 和水，微热溶解后，检查 pH。向溶液中加入 1 滴甲基橙指示剂，溶液颜色有什么变化？把溶液分成两份，一份留作比较，另一份中加入几滴甘油，振荡后颜色发生什么变化？

(4) 硼酸盐

① 硼砂珠实验

硼砂 $Na_2B_4O_7$ 组成可看成由两个 $NaBO_2$ 和一个 B_2O_3 的复合物。B_2O_3 有酸性，能与许多金属氧化物生成偏硼酸盐。许多偏硼酸盐具有特征颜色，利用这类反应鉴定某些金属离子，称为硼砂珠试验。

用镍铬丝蘸取一些硼砂固体，在氧化焰上烧成圆珠，观察颜色。

用硼砂珠鉴定钴盐：烧热的硼砂珠粘取硝酸钴固体熔融后冷却，观察硼砂珠的颜色变化。写出反应方程式。

② 硼砂溶液的 pH 和缓冲作用

用广泛 pH 试纸检验饱和硼砂溶液 pH，写出反应方程式。通过实验证明硼砂溶液的缓冲作用。在两份硼砂饱和溶液中，分别加入 1 滴 0.1mol·L^{-1} HCl 和 0.1mol·L^{-1}NaOH 溶液，检验 pH，观察解释硼砂溶液的缓冲作用机理。

4. 思考题

(1) 为什么不能从水溶液中制备硫化铝？如果在 $Al_2(SO_4)_3$ 溶液中通入 H_2S 将得到什么？

(2) 硼酸为弱酸，为什么硼酸溶液加甘油后酸度会变大？

(3) 说明硼砂溶液具有缓冲作用的机理。

实验 26 碱金属和碱土金属

钾和钠都是在 1807 年由戴维发现的。他电解熔融的氢氧化钾时，发现阴极表面上出现金属光泽酷似水银滴的颗粒，有的颗粒刚形成就燃烧掉了，发出火焰，并发生爆炸。有的颗粒逐渐失去光泽，表面形成一层白色薄膜。把这种小的金属颗粒投进水里，即出现火焰。戴维确定它是一种新元素。因为是从钾碱(potash)制得的，所以定名为钾(potassium)。同年，戴维又通过电解氢氧化钠而制得金属钠。

1. 实验目的

(1) 了解碱金属、碱土金属的活泼性。

(2) 了解碱土金属氢氧化物及其盐类的溶解度。

(3) 比较锂盐、镁盐的相似性。

(4) 了解焰色反应的特点。

2. 仪器和药品

离心机，镊子，砂纸，镍丝，滤纸，点滴板，钴玻璃片，金属钠，镁，$KMnO_4$(0.01mol·L^{-1})，NaOH(2mol·L^{-1}，新制)，$NH_3 \cdot H_2O$(2mol·L^{-1}，新制)，HAc(2mol·L^{-1})，$(NH_4)_2CO_3$(0.5mol·L^{-1})，$MgCl_2$(0.5mol·L^{-1})，Na_3PO_4(0.5mol·L^{-1})，NH_4Cl，$NaHC_4H_4O_6$，$(NH_4)_2C_2O_4$，NaCl(以上均为饱和溶液)，LiCl，NaF，Na_2CO_3，$NaHPO_4$，NaCl，KCl，$CaCl_2$，$SrCl_2$，$BaCl_2$，K_2CrO_4，$MgCl_2$，Na_2SO_4，$NaHCO_3$(以上全为1mol·L^{-1})。

3. 实验内容

1) 碱金属、碱土金属活泼性的比较

(1) 取一小块金属钠，用滤纸吸干表面的煤油，立即放在蒸发皿中加热。一旦金属钠开始燃烧即停止加热。观察现象，写出反应式。产物冷却后，用玻璃棒轻轻捣碎产物，转移入试管中，加入少量水使其溶解、冷却，观察有无气体放出，检验溶液 pH。以 $1mol \cdot L^{-1}$ H_2SO_4 酸化溶液后加入一滴 $0.01mol \cdot L^{-1}$ $KMnO_4$ 溶液，观察现象，写出反应式。

另取一小块金属钠，用滤纸吸干表面煤油后放入盛有水的烧杯中，用合适大小的漏斗盖好，观察现象，检验反应后溶液的酸碱性，写出反应式。

(2) 取一小段金属镁条，用砂纸除去表面氧化层，点燃。由于燃烧剧烈，实验应该在通风橱中进行。观察现象，写出反应式。

取两小段镁条，除去表面氧化膜后分别投入盛有冷水和热水的两支试管中，仔细观察，对比反应的不同，写出反应式。

2) 碱土金属氢氧化物溶解性比较

以 $MgCl_2$，$CaCl_2$，$BaCl_2$ 及新配制的 $2mol \cdot L^{-1}$ NaOH 及 $NH_3 \cdot H_2O$ 溶液作试剂，设计系列试管实验，说明碱土金属氢氧化物溶解度的大小顺序。

3) 碱金属及碱土金属的难溶盐

(1) 碱金属微溶盐

① 锂盐：取少量 $1mol \cdot L^{-1}$ LiCl 溶液分别与 $1mol \cdot L^{-1}$ NaF，Na_2CO_3 及 Na_3PO_4 溶液反应，观察现象，写出反应式(必要时可微热试管观察)。

② 钾盐：于少量 $1mol \cdot L^{-1}$ KCl 溶液中加入 1mL 饱和酒石酸氢钠 $NaHC_4H_4O_6$ 溶液，观察难溶盐 $KHC_4H_4O_6$ 晶体的析出。

(2) 碱土金属难溶盐

① 碳酸盐：分别用 $MgCl_2$，$CaCl_2$，$BaCl_2$ 溶液与 $1mol \cdot L^{-1}$ Na_2CO_3 溶液反应，制得的沉淀经离心分离后分别与 $2mol \cdot L^{-1}$ HAc 及 HCl 反应，观察沉淀是否溶解。

另分别取少量 $MgCl_2$，$CaCl_2$，$BaCl_2$ 溶液，加入 1～2 滴饱和 NH_4Cl 溶液、2 滴 $1mol \cdot L^{-1}$ $NH_3 \cdot H_2O$ 和 2 滴 $0.5mol \cdot L^{-1}$ $(NH_4)_2CO_3$，观察沉淀是否生成，写出反应式，并解释实验现象。

② 草酸盐：分别向 $MgCl_2$，$CaCl_2$，$BaCl_2$ 溶液中滴加饱和 $(NH_4)_2C_2O_4$ 溶液，制得的沉淀经离心分离后再分别与 $2mol \cdot L^{-1}$ HAc 及 HCl 反应，观察现象，写出反应式。

③ 铬酸盐：分别向 $1mol \cdot L^{-1}$ $MgCl_2$，$CaCl_2$，$BaCl_2$ 溶液中滴加 $1mol \cdot L^{-1}$ K_2CrO_4 溶液，观察沉淀是否生成？沉淀经离心分离后再分别与 $2mol \cdot L^{-1}$ HAc 和 HCl 反应，观察现象，写出反应式。

④ 硫酸盐：分别向 $1mol\cdot L^{-1} MgCl_2$，$CaCl_2$，$BaCl_2$ 溶液中滴加 $1mol\cdot L^{-1} Na_2SO_4$ 溶液，观察沉淀是否生成？沉淀经离心分离后再实验其在饱和 $(NH_4)_2SO_4$ 溶液中及浓 HNO_3 中的溶解性。解释现象，写出反应式并比较硫酸盐溶解度的大小。

⑤ 磷酸镁铵的生成：于 0.5mL 的 $MgCl_2$ 溶液中加入几滴 $2mol\cdot L^{-1} HCl$，0.5mL $0.1mol\cdot L^{-1} Na_2HPO_4$ 溶液及 4～5 滴 $2mol\cdot L^{-1} NH_3\cdot H_2O$，控制 pH 为 6～6.5，振荡试管观察现象，写出反应式。

4) 锂盐镁盐的相似性

(1) 分别向 $1mol\cdot L^{-1}$ LiCl 和 $MgCl_2$ 溶液中滴加 $1.0mol\cdot L^{-1}$ NaF 溶液，观察现象，写出反应式。

(2) $1mol\cdot L^{-1}$ LiCl 溶液与 $0.1mol\cdot L^{-1} Na_2CO_3$ 溶液作用及 $0.5mol\cdot L^{-1} MgCl_2$ 溶液与 $1mol\cdot L^{-1} Na_2CO_3$ 溶液作用各有什么现象？写出反应式。

(3) 于 $1mol\cdot L^{-1}$ LiCl 溶液和 $0.5mol\cdot L^{-1} MgCl_2$ 溶液中分别滴加 $0.5mol\cdot L^{-1} Na_3PO_4$ 溶液，观察现象，写出反应式。由以上实验说明锂盐、镁盐的相似性并给予解释。

5) 焰色反应

取一根镍丝，反复蘸取浓盐酸溶液后在氧化焰中烧至近于无色。在点滴板上分别滴入 1～2 滴 $1mol\cdot L^{-1}$ LiCl，NaCl，KCl，$CaCl_2$，$SrCl_2$，$BaCl_2$ 溶液，用洁净的镍丝蘸取溶液后分别在氧化焰中灼烧，观察火焰颜色。对于钾离子的焰色，应通过钴玻璃片观察。记录各离子的焰色。

6) 设计实验

分离混合离子溶液 K^+，Mg^{2+}，Ca^{2+}，Ba^{2+}。

4. 思考题

(1) 如何分离 Ca^{2+} 和 Ba^{2+}？是否可用硫酸分离 Ca^{2+} 和 Ba^{2+}？为什么？

(2) $Mg(OH)_2$ 与 $MgCO_3$ 为什么都可溶于饱和 NH_4Cl 溶液中？

附注

金属钠通常应保存在煤油中，放在阴凉处。使用时，应在煤油中切割成小块，用镊子夹取，再用滤纸吸干其表面煤油，切勿与皮肤接触。未用完的金属碎屑不能乱丢，可加少量酒精，令其缓慢分解。

实验 27　钛、钒

1791 年以前，英国门那新(Meneccin)山谷中静静地躺着一种黑色的矿砂，一直无人问津。牧师格利高尔(W. Gregor)是位矿物学的爱好者，当他在自己的教区内游览时，发现并带回了这种黑色的物质，经过分析，他宣称找到了一种未知的新金属。为了纪念黑色矿砂的发现地，格利高尔把这种金属称为 menaccin，把矿砂称为门那新矿（menaccite），也就是现在所说的钛铁矿（$FeTiO_3$）。

1795 年，德国科学家克拉普罗兹从匈牙利带回的矿物中成功地分离出一种新元素的氧化物，并很快确定他和格利高尔发现的是同一种元素。这种矿物就是钛的氧化物——金红石（TiO_2）。克拉普罗兹把此元素命名为 titanium（钛），取自神话中的"泰坦"（Titans），意指大地之神的儿子。

1. 实验目的

(1) 了解钛和钒的氧化物和含氧酸盐的生成与性质。

(2) 实验低价钛、钒化合物的生成和性质。

(3) 实验钛、钒的鉴定反应。

(4) 了解钒酸根的聚合反应。

2. 仪器和药品

瓷坩埚，pH 试纸，烧杯，$CuCl_2$（0.2mol·L^{-1}），$FeCl_3$（0.1mol·L^{-1}），$TiOSO_4$（0.5mol·L^{-1}），$KMnO_4$（0.01mol·L^{-1}），H_2O_2（6%），NH_4VO_3（饱和溶液），HCl（6mol·L^{-1}），H_2SO_4（6mol·L^{-1}），NaOH（6mol·L^{-1}），$NH_3·H_2O$（6mol·L^{-1}），TiO_2 固体，V_2O_5 固体，NH_4VO_3 固体，Zn 粒，浓盐酸，浓硫酸，淀粉-KI 试纸。

3. 实验内容

1) 二氧化钛的性质和钛酰离子的水解

(1) TiO_2 的性质

在两支试管中各加少量 TiO_2 固体，向其中一支试管中加 1mL 浓 H_2SO_4，小心加热，向另一试管中加 1mL 40%NaOH 溶液，水浴加热，观察 TiO_2 是否溶解？写出反应方程式。

(2) TiO^{2+} 的水解

试管中加入少量 $TiOSO_4$ 溶液，再加少量去离子水，水浴加热，观察现象。反应式为：

$$TiOSO_4 + H_2O \xlongequal{\quad} TiO_2 + H_2SO_4$$

加水稀释、加碱中和，加热有利于 TiO^{2+} 的水解。

2) 三价钛的生成和还原性

在少量 $TiOSO_4$ 溶液中加入锌粒，放置几分钟并注意观察颜色的变化。然后将清液分成两份，再分别滴加 0.1mol · L^{-1} $FeCl_3$ 和 0.1mol · L^{-1} $CuCl_2$ 溶液，观察现象并写出反应式。

3) Ti(Ⅳ)和 V(Ⅴ)的鉴定反应

(1) 过氧钛酸根的生成

在少量 $TiOSO_4$ 溶液中滴加 6% H_2O_2 溶液，观察溶液的颜色变化。该反应可用于 Ti(Ⅳ)的鉴定和比色分析，反应式为：

$$TiO^{2+} + H_2O_2 = [Ti(O_2)]^{2+} + H_2O$$

在过氧钛酸根离子的溶液中滴加 6mol · L^{-1}的氨水直至出现沉淀，观察沉淀的颜色，反应式为：

$$[Ti(O_2)]^{2+} + 2NH_3 + 2H_2O = H_2Ti(O_2)O_2 + 2NH_4^+$$

(2) 过氧钒酸根的生成

在少量饱和偏钒酸铵(NH_4VO_3)溶液中滴加 6% H_2O_2 溶液，观察产物的颜色变化，再用 6mol · L^{-1} H_2SO_4 酸化，溶液的颜色有何变化？再滴加 6mol · L^{-1} $NH_3 \cdot H_2O$，观察产物的颜色与状态。

4) 五氧化二钒的生成与性质

(1) V_2O_5 的生成

取少量 NH_4VO_3 固体于小瓷坩埚中，小火加热(不要熔融，以免生成的 V_2O_5 成块状)并不断搅拌，观察固体的颜色变化。写出 NH_4VO_3 的分解反应式。

(2) V_2O_5 的性质

将 NH_4VO_3 分解得到的产物分成四份，分别进行实验：

① 加入适量浓 H_2SO_4，观察 V_2O_5 溶解情况。再取上层清液于水中稀释，观察稀释前后的颜色变化。反应式为：

$$V_2O_5 + 2H^+ = 2VO_2^+ + H_2O$$

② 加入 6mol · L^{-1}NaOH 溶液约 1mL 并水浴加热，观察 V_2O_5 的溶解情况及溶液的颜色变化。

$$V_2O_5 + 2NaOH = 2NaVO_3 + H_2O$$

③ 加入少量去离子水并煮沸，观察 V_2O_5 是否溶解，冷却后检查溶液的 pH。

④ 加入 1mL 浓 HCl 并煮沸，观察 V_2O_5 的溶解情况和溶液的颜色，检查 Cl_2 的生成，然后用水稀释，观察颜色有何变化？

$$V_2O_5 + 6HCl(\text{浓}) = VOCl_2 + Cl_2\uparrow + 3H_2O$$

5) 钒的常见氧化态及颜色

(1) 低价钒化合物的生成

在 10mL 饱和 NH_4VO_3 溶液中加 2mL 6mol · L^{-1} H_2SO_4，加入锌粒，观察

溶液的颜色变化，至溶液变成紫色后，取出锌粒。反应式为：

$$2VO_2^+ + Zn + 4H^+ = 2VO^{2+} + Zn^{2+} + 2H_2O$$

$$2VO^{2+} + Zn + 4H^+ = 2V^{3+} + Zn^{2+} + 2H_2O$$

$$2V^{3+} + Zn = 2V^{2+} + Zn^{2+}$$

(2) 低价钒化合物的还原性

在前面得到的紫色 V^{2+} 溶液中逐滴加入 0.01mol · L^{-1} $KMnO_4$ 溶液，观察溶液的颜色变化，写出反应式。

6) 钒酸根的聚合反应

取半个黄豆粒大小的 V_2O_5 固体于试管中，加入 2mL 6mol · L^{-1} NaOH 溶液，水浴加热至 V_2O_5 全部溶解后冷却，再滴加 6mol · L^{-1} HCl 溶液，观察溶液的颜色变化。

4. 思考题

(1) 讨论 TiO_2 和 V_2O_5 在酸中的溶解性。

(2) 总结四价钛化合物的性质，说明不存在 $Ti(CO_3)_2$ 的原因。

(3) 在三价钛还原性实验中，于少量 $TiOSO_4$ 溶液中加入锌粒，离心后，往清液滴加 0.1mol · L^{-1} $CuCl_2$ 溶液，有白色沉淀生成，如果往清液中加入 1mol · L^{-1} $CuCl_2$ 溶液，为什么得不到白色沉淀？

实验 28　铬、锰

1797 年，法国化学家沃克兰在研究西伯利亚红铅矿时发现了铬。沃克兰把西伯利亚红铅矿石和碳酸钾一起煮得到意料之中的碳酸铅沉淀和一种性质不明的鲜黄色溶液。后来由于这种新元素能够形成各种颜色不同的化合物，沃克兰就命名这种元素为“Chromium”，希腊文原意是“色彩艳丽”。

1994 年 3 月 1 日，秦始皇兵马俑二号俑坑正式开始挖掘。考古人员在二号俑坑内发现了 19 把青铜剑。经科研人员测试后发现，剑的表面有一层 10μm 厚的铬盐化合物。这一发现立刻轰动了世界，因为这种铬盐氧化处理方法，只是近代才出现的先进工艺，德国在 1937 年、美国在 1950 年先后发明并申请了专利。事实上，关于铬盐氧化处理的方法，绝不是秦始皇时期的发明，早在春秋战国时期，中国人就掌握了这一先进的工艺。

1. 实验目的

(1) 掌握铬和锰化合物的氧化还原性。

(2) 掌握铬和锰各种氧化态间的转化条件。

2. 仪器和药品

$K_2Cr_2O_7$(0.1mol·L^{-1} 饱和)，$Cr_2(SO_4)_3$(饱和)，$CrCl_3$(1mol·L^{-1})，K_2CrO_4(0.5mol·L^{-1})，$KMnO_4$(0.01mol·L^{-1})，$MnSO_4$(0.1mol·L^{-1})，Na_2S(0.5mol·L^{-1})，Na_2CO_3(0.5mol·L^{-1})，$AgNO_3$(0.1mol·L^{-1})，$Pb(NO_3)_2$(0.1mol·L^{-1})，$BaCl_2$(0.1mol·L^{-1})，$FeSO_4$(0.2mol·L^{-1})，KI(0.1mol·L^{-1})，Na_2SO_3(0.2mol·L^{-1})，H_2O_2(6%)，H_2SO_4(3mol·L^{-1}，6mol·L^{-1}浓)，HCl(浓)，HNO_3(6mol·L^{-1})，NaOH(2mol·L^{-1}，6mol·L^{-1})，$NH_3 \cdot H_2O$(2mol·L^{-1})，NH_4Cl-$NH_3 \cdot H_2O$(4mol·L^{-1})，$H_2C_2O_4$(0.1mol·L^{-1})，$NaBiO_3$ 固体，MnO_2 固体，PbO_2 固体，$(NH_4)_2S_2O_8$ 固体，$(NH_4)_2Cr_2O_7$ 固体，$KMnO_4$ 固体，$CrCl_3 \cdot H_2O$ 固体，KOH 固体，$KClO_3$ 固体，K_2SO_4 固体，戊醇，乙醇。

3. 实验内容

1) 三价铬化合物

(1) $Cr(OH)_3$ 的生成和性质

在少量 $CrCl_3$ 溶液中滴加 6mol·L^{-1}NaOH 溶液，观察沉淀的生成和颜色。继续滴加 NaOH 溶液至沉淀全部溶解，观察溶液的颜色。写出反应式。

(2) 盐的水解

用少量的 $CrCl_3$ 溶液分别与 Na_2S 溶液、Na_2CO_3 溶液作用，观察产物的颜色与状态，设法证明产物是 $Cr(OH)_3$，而不是 Cr_2S_3 和 $Cr_2(CO_3)_3$。

(3) 铬钾矾的制备

在试管中加入 3mL $Cr_2(SO_4)_3$ 饱和溶液，再按制备 3mL 饱和 K_2SO_4 溶液所需量加入固体 K_2SO_4，水浴加热后，放置冷却，观察铬钾矾的生成和颜色，写出反应式。

(4) 三价铬的还原性

在少量 $CrCl_3$ 溶液中滴加 6mol·L^{-1}NaOH 溶液至生成的沉淀全部溶解，滴加少量 6%H_2O_2 溶液，观察实验现象，写出反应式。

(5) 三价铬的配合物

① 氨配合物

在少量 $CrCl_3$ 溶液试管中加入过量的 4mol·$L^{-1}$$NH_4Cl$-$NH_3 \cdot H_2O$，观察沉淀的生成与颜色，将试管水浴加热，观察沉淀的溶解(或部分溶解)而生成紫红色的$[Cr(NH_3)_2(H_2O)_4]^{3+}$溶液。

② 三价铬的水合异构现象

在试管中加入少量 $CrCl_3 \cdot 6H_2O$ 固体，将试管直接在酒精灯上微热后冷却，

观察溶液的颜色变化，解释原因。

2) 六价铬化合物

(1) 氧化性

① $(NH_4)_2Cr_2O_7$ 热分解

在一干燥试管中加入少量$(NH_4)_2Cr_2O_7$ 固体，在煤气灯上加热分解，观察实验现象及产物的颜色。写出反应式。

② $K_2Cr_2O_7$ 的氧化性

在硫酸酸化条件下，分别使 $K_2Cr_2O_7$ 溶液与 KI，Na_2SO_3，浓 HCl，$FeSO_4$ 等溶液作用，观察实验现象，写出反应式。

(2) CrO_5 的生成与不稳定性

在 2 滴 0.1mol·L^{-1}$K_2Cr_2O_7$ 溶液中加入 1 滴 3mol·L^{-1}H_2SO_4 溶液，然后滴加 3 滴 6%H_2O_2 溶液，观察溶液的颜色变化。再加约 0.5mL 戊醇并振荡，观察戊醇层和溶液中的颜色差别。再滴加过量 H_2SO_4 溶液，又会有什么现象出现？

$$Cr_2O_7^{2-} + 4H_2O_2 + 2H^+ = 2CrO_5 + 5H_2O$$

蓝色的 CrO_5 在水溶液中稳定性差，萃取到戊醇中后分解较慢。若 H_2SO_4 的浓度较大，则 CrO_5 分解速度更快。若 $K_2Cr_2O_7$ 和 H_2SO_4 浓度都较大，则戊醇层为深蓝色，水层逐渐变为绿色(Cr^{3+} 浓度较大)。

(3) CrO_4^{2-} 与 $Cr_2O_7^{2-}$ 的互相转化和 CrO_3 的生成

选择试剂：K_2CrO_4 溶液、6mol·L^{-1}H_2SO_4、2mol·L^{-1}NaOH。

实验 CrO_4^{2-} 和 $Cr_2O_7^{2-}$ 互相转化，写出颜色变化和平衡关系。

在干燥试管中加入 $K_2Cr_2O_7$ 饱和溶液，然后滴加浓 H_2SO_4，观察 CrO_3 红色晶体的析出。写出反应式。

(4) 难溶盐

分别实验 K_2CrO_4 与 $AgNO_3$，$BaCl_2$，$Pb(NO_3)_2$ 溶液的反应，观察沉淀的颜色。实验沉淀与 6mol·L^{-1}NaOH 溶液和 6mol·L^{-1}HNO_3 溶液的反应。观察实验现象并写出反应式。

3) 二价锰化合物

(1) $Mn(OH)_2$ 的生成和性质

在少量 $MnSO_4$ 溶液中滴加 6mol·L^{-1}NaOH 溶液，观察沉淀的颜色变化，写出反应方程式，根据标准电极电势说明在空气中 Mn^{2+} 能稳定存在而 $Mn(OH)_2$ 易被氧化的原因。

(2) 二价锰的还原性

取 1 滴 $MnSO_4$ 溶液加几滴 2mol·L^{-1}H_2SO_4 酸化，再加入少量 $NaBiO_3$ 固体，观察 MnO_4^- 的生成，写出反应式。此反应可用来鉴定 Mn^{2+}。

若以 PbO_2，$(NH_4)_2S_2O_8$ 为氧化剂鉴定 Mn^{2+}，应如何选择实验条件？

4）二氧化锰的性质

在试管中加少量 MnO_2 粉末，再加入少量浓 HCl，观察所得溶液的颜色，将试管加热，检查所生成的气体。$MnCl_4$ 不稳定，在温度较高时分解：

$$MnO_2 + 4HCl \xlongequal{} MnCl_4 + 2H_2O$$

$$MnCl_4 \xlongequal{} MnCl_2 + Cl_2\uparrow$$

另取少量 MnO_2 于干燥的试管中，加入约 1mL 浓 H_2SO_4，小心加热，观察反应前后的变化，检查所生成的气体，写出反应式。

5）高锰酸钾的性质

（1）热分解

取少量 $KMnO_4$ 固体于干燥的试管中，小心加热，观察现象，检查产生的气体。将产物分为两份，一份中缓慢滴加水直至过量，观察现象，写出反应方程式；向另一份产物中加入 $0.1mol \cdot L^{-1}$ KOH 溶液，摇匀，观察溶液和沉淀颜色并实验其性质。写出反应式。

（2）介质对还原产物的影响

分别实验 $KMnO_4$ 在酸性（H_2SO_4 酸化）、中性、碱性（过量 NaOH 溶液）介质中与 Na_2SO_3 固体的反应，观察产物的颜色与状态，写出反应式。

（3）高锰酸钾和草酸的反应

取少量 $0.1mol \cdot L^{-1} H_2C_2O_4$ 溶液，加入几滴稀 H_2SO_4 后，加 1 滴高锰酸钾溶液，注意观察高锰酸钾紫色褪去的快慢，再加第 2 滴，然后逐滴加入，观察反应速率有什么不同？

（4）高锰酸钾和乙醇的反应

向少量乙醇溶液中加入少量稀 H_2SO_4，然后逐滴加入高锰酸钾溶液，观察现象并写出反应方程式。

4．思考题

（1）结合实验表示出 Cr^{3+} 与 $Cr_2O_7^{2-}$ 互相转化的条件，并说明在转化过程中用 H_2O_2 作氧化剂时应注意什么。

（2）一般说 Cr^{3+} 的颜色应当是哪种溶液的颜色？

（3）现有 Mn^{2+}，Cr^{3+}，Al^{3+} 混合溶液，用 $6mol \cdot L^{-1}$ NaOH，6% H_2O_2 和 NH_4Cl 固体进行分离，并选用其他试剂分别鉴定。写出实验方案、试剂用量、实验现象和反应式。

实验 29　铁、钴、镍

17 世纪末，德国采矿工人发现一种呈红棕色矿石，表面常常带有绿色的斑点，将其放入制玻璃的原料中，可以将玻璃染成绿色。当时人们把这种矿物误认为铜矿，冶金学家们多次试图从中炼出铜，都失败了。采矿工人称它为“尼克尔铜”(Kupper-nickel)，Kupper 在德语中意思是铜，nickel 的意思是骗人的小鬼，因此尼克尔铜可以译成假铜。直到 1751 年，瑞典矿物学家和化学家克隆斯塔特(Cronstedt AF)研究了这个矿物，他经过大量的实验后，从尼克尔铜中分离出一种白色金属，并命名为 nickel。这也就是镍的拉丁名称 niccolum 一词的来源。我们从这一词的第一音节音译成“镍”，元素符号为 Ni。现在我们知道尼克尔铜就是镍的砷化物矿石，其表面上的绿色斑点是碳酸镍。

1. 实验目的

(1) 掌握二价铁、钴、镍的还原性和三价铁、钴、镍的氧化性。

(2) 掌握铁、钴、镍配合物的生成及相应离子的鉴定方法。

2. 仪器和药品

$FeSO_4$(0.1mol·L^{-1})，$FeCl_3$(0.1mol·L^{-1})，$K_4[Fe(CN)_6]$(0.1mol·L^{-1})，$K_3[Fe(CN)_6]$(0.1mol·L^{-1})，$CoCl_2$(0.1mol·L^{-1})，$CoSO_4$(0.1mol·L^{-1})，$NiSO_4$(0.5mol·L^{-1})，KI(0.1mol·L^{-1})，KSCN(0.1mol·L^{-1}，饱和)，KNO_2(饱和)，$ZnSO_4$(0.1mol·L^{-1})，$KMnO_4$(0.01mol·L^{-1})，NH_4F(0.5mol·L^{-1})，H_2O_2(3%)，邻二氮菲溶液，乙二胺(20%)，丁二酮肟溶液，丙酮，溴水，CCl_4，$NH_3·H_2O$(6mol·L^{-1})，NaOH(2mol·L^{-1}，6mol·L^{-1})，HCl(浓)，H_2SO_4(2mol·L^{-1})，HAc(6mol·L^{-1})，NH_4F 固体，$(NH_4)_2SO_4·FeSO_4·6H_2O$ 固体，NH_4Cl 固体，$FeCl_3$ 固体，$AgNO_3$ 固体，$NaNO_2$，NaF，$CuCl_2$ 固体，KI-淀粉试纸。

3. 实验内容

1) 二价化合物的还原性

(1) 酸性介质

在装有少量 $FeSO_4$，$CoSO_4$，$NiSO_4$ 溶液的试管中分别滴加溴水，用 CCl_4 萃取法证明反应是否发生，并根据标准电极电势加以说明。

(2) 碱性介质

向试管中加入约 2mL 去离子水和几滴稀 H_2SO_4，煮沸以赶尽其中的氧气，然后加入少量的 $(NH_4)_2Fe(SO_4)_2·6H_2O$ 晶体；向另一试管中加入 6mol·L^{-1}NaOH 溶液约 1mL，煮沸赶尽空气，冷却。用滴管吸取该 NaOH 溶液，插入硫酸亚铁铵溶液内至试管底部并慢慢放出 NaOH，观察颜色和状态。振荡放置后又有什么变化？写出反应方程式。

向 0.2mol·$L^{-1}$$CoCl_2$ 和 $NiSO_4$ 溶液中分别滴加 NaOH 溶液，观察沉淀的生成和颜色，然后都加热，观察沉淀是否发生变化？写出反应方程式。

2) 三价化合物的氧化性

(1) 三价氢氧化物的生成

在少量 $FeSO_4$ 和 $CoSO_4$ 溶液中各加入适量 NaOH 溶液，滴加少量 3% H_2O_2 溶液，离心分离，分别得 $Fe(OH)_3$ 和 $Co(OH)_3$ 沉淀。在少量 $NiSO_4$ 溶液中加入适量 NaOH 溶液，滴加少量溴水，离心分离，得 $Ni(OH)_3$ 沉淀。(沉淀保留下面实验用。)

(2) 氧化性

① Fe(Ⅲ)的氧化性

将 $Fe(OH)_3$ 分成两份，向其中一份加入浓 HCl，检查是否有氯气生成。向另一份 $Fe(OH)_3$ 中加入 $2mol \cdot L^{-1}$ H_2SO_4 沉淀溶解后，加入 1 滴 KI 溶液并检验是否有 I_2 生成。写出反应现象和反应式。

② Co(Ⅲ)和 Ni(Ⅲ)的氧化性

用次溴酸钾的碱性溶液与硝酸镍(Ⅱ)反应，镍(Ⅱ)被氧化，生成黑色的 NiO(OH)，它易溶于酸。

$$2Ni(OH)_2 + NaBrO + H_2O = 2Ni(OH)_3 \downarrow + NaBr$$

分别向装有 $Co(OH)_3$ 和 $Ni(OH)_3$ 的试管中滴加少量浓 HCl 观察实验现象，检验是否有 Cl_2 生成。写出相关的反应式。

3) 配合物的生成与离子鉴定

(1) 铁(Ⅱ)配合物

① Fe^{2+} 与 $K_3[Fe(CN)_6]$ 反应

取少量 $(NH_4)_2Fe(SO_4)_2$ 固体溶解后加 1 滴 $K_3[Fe(CN)_6]$ 溶液，观察产物颜色和状态，该反应可证明二价铁存在：

$$Fe^{2+} + K^+ + [Fe(CN)_6]^{3-} = KFe[Fe(CN)_6]\text{(蓝)}$$

② 与邻二氮菲的反应

Fe^{2+} 与邻二氮菲在酸性条件下生成橘红色可溶性配合物，此可鉴定 Fe^{2+}：

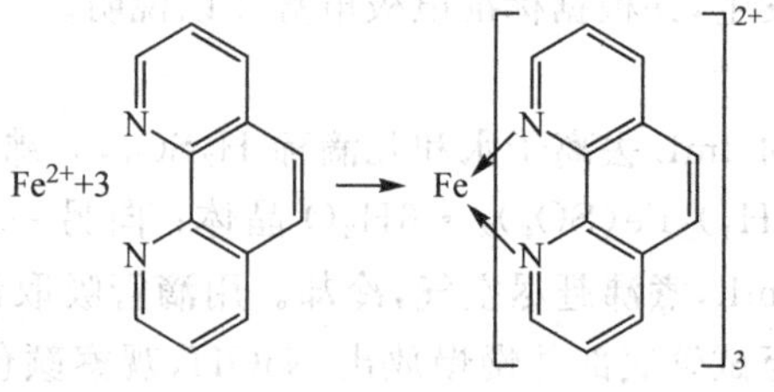

(橘红色)

(2) Fe(Ⅲ)的配合物

① 与 $K_4[Fe(CN)_6]$ 反应

在 $FeCl_3$ 溶液中滴加 1 滴 $K_4[Fe(CN)_6]$ 溶液，观察产物的颜色和状态，该反应可鉴定 Fe^{3+}：

$$Fe^{3+} + K^+ + [Fe(CN)_6]^{4-} = KFe[Fe(CN)_6]\text{(蓝)}$$

② 与 SCN^- 生成配合物及其稳定性

取几滴 0.1mol·L^{-1} $FeCl_3$ 溶液，滴加 1 滴 0.5mol·L^{-1} KSCN 溶液，观察溶液的颜色变化。再逐滴加入少量 NH_4F 溶液，溶液的颜色会从血红色变成黄色最后变成无色。根据 $K_稳$，说明变化的原因。

(3) 钴的配合物

① 氨配合物

向少量 0.2mol·L^{-1} $CoCl_2$ 溶液中滴加 6mol·L^{-1} 氨水，观察沉淀的生成和颜色，将沉淀分成两份，一份放置后观察颜色有什么变化？另一份滴加 6mol·L^{-1} 氨水至沉淀溶解，观察配合物的颜色，放置后溶液的颜色有何变化？

$$Co^{2+} + 2NH_3 + 2H_2O = Co(OH)_2\downarrow + 2NH_4^+$$

$$Co(OH)_2 + 6NH_3 = [Co(NH_3)_6]^{2+} + 2OH^-$$

$$2[Co(NH_3)_6]^{2+} + 1/2O_2 + H_2O = 2[Co(NH_3)_6]^{3+} + 2OH^-$$

② $[Co(SCN)_4]^{2-}$ 的生成与性质

向少量 0.2mol·L^{-1} $CoCl_2$ 溶液中加入少量丙酮(或戊醇)，再滴加饱和 KSCN 溶液，观察蓝色的 $[Co(SCN)_4]^{2-}$ 的生成。再滴加 6mol·L^{-1} 氨水，观察颜色有何变化？根据 $K_稳$ 求新的平衡常数并解释变化的原因。

③ $[CoCl_4]^{2-}$ 的生成和性质

于少量 0.2mol·L^{-1} $CoCl_2$ 溶液中滴加浓盐酸，观察蓝色 $[CoCl_4]^{2-}$ 的生成，再加入水稀释时，溶液的颜色又有什么变化？解释观察到的实验现象。

④ $K_3[Co(NO_2)_6]$ 的生成

在少量 $CoCl_2$ 溶液中加入 6mol·L^{-1} 醋酸酸化，再加入饱和 KNO_2 溶液(因为 KNO_2 不稳定，可以用饱和 KCl 溶液再加入少量 $NaNO_2$ 固体)，微热有黄色的六硝基合钴(Ⅲ)酸钾析出，本反应可用于鉴定 Co^{2+}。

(4) 镍的配合物

① 氨配合物

在少量 0.5mol·L^{-1} $NiSO_4$ 溶液中滴加 6mol·L^{-1} 氨水，观察沉淀的颜色，继续滴加氨水使沉淀溶解，观察配合物的颜色。将溶液分成三份：第一份和第二份分别滴加 2mol·L^{-1} NaOH 和 2mol·L^{-1} H_2SO_4，第三份作空白对照，然后三份都加热，观察各有什么变化。

② 乙二胺配合物

在 0.1mol·L^{-1} $NiSO_4$ 溶液中滴加 5%乙二胺，溶液先变蓝，最后为紫红色溶液。为什么？

$$Ni^{2+} + 3en \longrightarrow [Ni(en)_3]^{2+}$$

③ Ni^{2+}的鉴定

在1滴0.5mol·L^{-1} $NiSO_4$溶液中加1滴1∶1氨水，然后加几滴丁二酮肟（镍试剂）的酒精溶液，观察丁二酮肟合镍（Ⅱ）的生成，写出实验现象和反应方程式。此反应可用于鉴定Ni^{2+}。

4. 思考题

(1) 在碱性介质中氯水能把二价钴氧化成三价，而在酸性介质中三价钴能把氯离子氧化成氯气，二者是否矛盾？为什么？

(2) 解释下列现象：①Fe^{3+}能把I^-氧化成I_2，而$[Fe(CN)_6]^{3-}$则不能。②$[Fe(CN)_6]^{4-}$能把I_2还原为I^-，而Fe^{2+}则不能。

实验30 铜、银、锌、镉、汞

1637年成书的《天工开物》，其中详细地记述了炼锌的过程。"凡倭铅古书本无之，乃近世所立名色。其质用炉甘石熬炼而成，繁产山西太行山一带，而荆、衡为次之。此物无铜收伏，入火即成烟飞去。以其似铅而性猛，故名曰倭云。"这里所说的炉甘石是碳酸锌所形成的菱锌矿，倭铅即锌。锌的沸点（907℃）较低，如果不和铜结合，"入火即成烟飞去"。

1. 实验目的

(1) 实验铜、银、锌、镉、汞的氢氧化物、配合物和硫化物的生成和性质。

(2) 掌握铜、银化合物的氧化性，了解Cu（Ⅰ）和Cu（Ⅱ）、Hg（Ⅰ）和Hg（Ⅱ）的相互转化条件。

(3) 掌握铜、银、锌、镉、汞离子的鉴定方法。

2. 仪器和药品

$AgNO_3$（0.1mol·L^{-1}），$Hg(NO_3)_2$（0.2mol·L^{-1}），$Hg_2(NO_3)_2$（0.2mol·L^{-1}），$CdSO_4$（0.2mol·L^{-1}），$ZnSO_4$（0.2mol·L^{-1}），$CuSO_4$（0.2mol·L^{-1}），$CuCl_2$（2mol·L^{-1}），NaCl（饱和），KI（0.1mol·L^{-1}），$SnCl_2$（0.2mol·L^{-1}），NH_4Cl（0.2mol·L^{-1}），NH_4NO_3-NH_3（4mol·L^{-1}），$NaHSO_3$（2mol·L^{-1}），KSCN（0.5mol·L^{-1}），$NH_3\cdot H_2O$（2mol·L^{-1}），HNO_3（6mol·L^{-1}，浓），HCl（2mol·L^{-1}，6mol·L^{-1}，浓），H_2SO_4（3mol·L^{-1}），NaOH（2mol·L^{-1}，6mol·L^{-1}），葡萄糖溶液（10%），1mol·L^{-1}硫代乙酰胺溶液，Cu屑，金属汞，$HgCl_2$，

$CoCl_2$，KOH(6mol·L^{-1})。

3. 实验内容

1) 与 NaOH 溶液的反应

(1) $Cu(OH)_2$ 和 CuO 的生成和性质

选择试剂：$CuSO_4$ 溶液、6mol·L^{-1}NaOH 溶液、浓 HCl。

① 实验 $Cu(OH)_2$ 的生成与两性，写出沉淀溶液的颜色和反应方程式。

② 实验 CuO 的生成和加浓 HCl 后溶液的颜色，写出反应方程式。

(2) $Zn(OH)_2$ 和 $Cd(OH)_2$ 的生成与性质

在少量 $ZnSO_4$ 溶液中滴加 2mol·L^{-1}NaOH 溶液至过量，观察现象。以 $CdSO_4$ 代替 $ZnSO_4$ 重复进行实验，观察沉淀是否溶于过量的 NaOH 溶液。解释实验现象，写出反应式。

(3) Ag^+，Hg^{2+}与 NaOH 的反应

分别实验 $AgNO_3$ 和 $Hg(NO_3)_2$ 溶液与 2mol·L^{-1}NaOH 作用，观察沉淀的颜色，实验沉淀是否溶于过量的 NaOH 溶液。

(4) Hg_2^{2+} 与 NaOH 反应

向少量 $Hg_2(NO_3)_2$ 溶液中滴加少量的 2mol·L^{-1}NaOH 溶液，观察沉淀的生成和颜色。

2) 配合物的生成与性质

(1) Cu^{2+}，Ag^+，Zn^{2+}，Cd^{2+}与氨生成的配合物

在少量 $CuSO_4$ 溶液中滴加适量氨水，观察沉淀和生成的颜色。再滴加过量的氨水，观察沉淀的溶解和配合物的颜色。将溶液分成两份，一份加热，另一份滴加 2mol·L^{-1}HCl。解释实验现象，写出反应式。

再分别以 $AgNO_3$，$ZnSO_4$，$CdSO_4$ 代替 $CuSO_4$ 进行实验。

(2) Hg^{2+}的配合物

① $[HgI_4]^{2-}$ 的生成和性质

在少量 $Hg(NO_3)_2$ 溶液中滴加 KI 溶液，观察沉淀的生成和颜色，当 KI 过量时生成配合物$[HgI_4]^{2-}$。

在$[HgI_4]^{2-}$溶液中滴加少量 6mol·L^{-1}KOH 至溶液无明显的沉淀析出，即得奈斯勒试剂，可用来检验NH_4^+ 或 NH_3。向该奈斯勒试剂中加 1 滴 NH_4Cl（或稀氨水），观察沉淀的颜色，写出反应式。

② $[Hg(NH_3)_2Cl_2]$的生成

在少量 $HgCl_2$ 溶液中滴加 2mol·L^{-1} 氨水，观察沉淀的生成和颜色，再加入适量 4mol·$L^{-1}$$NH_4Cl$-$NH_3$ 混合溶液，观察沉淀的溶解。

③ $[Hg(SCN)_4]^{2-}$的生成与性质

在少量 $Hg(NO_3)_2$ 溶液中滴加 0.5mol·L^{-1}KSCN 溶液，观察白色沉淀的生成，以及 KSCN 过量时沉淀的溶解和$[Hg(SCN)_4]^{2-}$的生成。

在$[Hg(SCN)_4]^{2-}$溶液中滴加 $ZnSO_4$ 溶液，观察白色 $Zn[Hg(SCN)_4]$沉淀的生成，此反应可用来鉴定 Zn^{2+}。

在$[Hg(SCN)_4]^{2-}$溶液中滴加 $CoCl_2$ 溶液，观察蓝色 $Co[Hg(SCN)_4]$沉淀的生成，此反应可用来鉴定 Co^{2+}。

3）硫化物的生成和性质

分别在 $CuSO_4$，$AgNO_3$，$ZnSO_4$，$CdSO_4$，$Hg(NO_3)_2$ 溶液中滴加少量硫代乙酰胺溶液（或饱和 H_2S），观察沉淀的颜色（若沉淀生成的较慢可微热）。试验沉淀对 6mol·L^{-1}HCl 的作用，不溶的与 6mol·L^{-1} HNO_3 作用，最后把不溶于浓 HNO_3 的沉淀同王水作用。写出反应方程式，参考溶度积常数加以解释。

4）铜、银化合物的氧化还原性

（1）CuCl 的生成和性质

① 由单质铜做还原剂制 CuCl

在试管中加入 1mL 2mol·$L^{-1}$$CuCl_2$ 溶液，2mL 2mol·L^{-1}HCl，1mL 饱和 NaCl 溶液和少量铜屑。水浴加热，溶液变为棕色。然后将该溶液加入到除氧的去离子水中，得白色 CuCl。写出反应式。

② 由亚硫酸盐做还原剂制 CuCl

在试管中加入 1mL 2mol·$L^{-1}$$CuCl_2$ 溶液，滴加 2mol·L^{-1} $NaHSO_3$ 至溶液显黄绿色。水浴加热，观察白色沉淀的生成和溶液的颜色变化。分离后用无氧去离子水洗涤得 CuCl。

③ CuCl 的性质

取少量 CuCl 暴露于空气中，观察其颜色变化，写出反应式。

分别实验 CuCl 与稀 H_2SO_4 和氨水反应，观察实验现象，写出反应式。

（2）CuI 的生成

取少量 $CuSO_4$ 溶液和 KI 溶液作用，观察产物的颜色和状态。加入合适的还原剂除去 I_2，得到的沉淀是什么颜色？写出方程式并说明原因。

（3）Cu_2O 的生成和性质

在少量 $CuSO_4$ 溶液中加入 6mol·L^{-1}氢氧化钠溶液至沉淀溶解，再滴加10%的葡萄糖溶液，水浴加热，观察现象，写出反应式。分离后分别使沉淀与浓 HCl 和稀 H_2SO_4 作用，观察实验现象，写出反应式。

（4）银镜的制作

在试管中加约 1mL $AgNO_3$ 溶液，滴加 2mol·L^{-1}氨水至生成的沉淀刚好溶解为止。加入几滴 10%的葡萄糖溶液，水浴加热，观察试管壁银镜的生成：

$$2[Ag(NH_3)_2]^+ + C_5H_{11}O_5CHO + 2OH^- = 2Ag\downarrow + C_5H_{11}O_5COO^- + NH_4^+ + 3NH_3\uparrow + H_2O$$

5) Hg(Ⅰ)与 Hg(Ⅱ)的相互转化

(1) Hg_2^{2+} 的歧化

在少量 $Hg_2(NO_3)_2$ 溶液中滴加 2mol·L^{-1}氨水，观察现象，写出反应式。

(2) Hg^{2+}转化为 Hg_2^{2+}

在 $Hg(NO_3)_2$ 溶液中加 1 滴金属汞，搅拌。取上层清液分别与 NaCl 和氨水作用，以鉴定 Hg_2^{2+} 的生成。写出反应式。

(3) $HgCl_2$ 与 $SnCl_2$ 反应

在少量 $HgCl_2$ 溶液中滴加少量 $SnCl_2$ 溶液，观察实验现象，写出反应式。

6) 设计实验

(1) 设计对 Zn^{2+}，Cd^{2+}，Hg^{2+}混合溶液进行分离和鉴定的实验方案并用实验检验方案的可行性，写出相关的反应式。

(2) 现有一混合物含有 AgCl，Hg_2Cl_2，$CuCl_2$，$PbCl_2$，设计一个分离方案并写出反应式。

4. 思考题

(1) 在制银镜时为何把 Ag^+变成$[Ag(NH_3)_2]^+$镀在试管上?

(2) 镀在试管上的银镜如何洗掉?

(3) 锌盐、镉盐与汞盐生成氨配合物的条件有何不同?

(4) 在 $CuCl_2$ 和 NaCl 混合溶液中滴加 Na_2SO_3 时能否析出 CuCl 沉淀?

附注

汞蒸气吸入人体内，会引起慢性中毒，因此汞应保存于水中。取用汞时，要用特制的末端弯成弧状的滴管吸取，不能直接倾倒(最好用盛有水的搪瓷盘承接着)。当不慎洒落汞珠时，应尽量地用滴管吸取回收，然后在可能残留汞珠的地方撒上一层硫黄粉，并摩擦之，使汞转化为难挥发的硫化汞，或洒上硫酸铁溶液，使残留的汞与 Fe^{3+} 发生氧化还原反应。

第6章　综合设计性实验

实验31　两种水合草酸铜酸钾晶体的控制生长与组成分析

1. 实验目的

(1) 掌握两种(二水和四水)水合草酸铜(Ⅱ)酸钾晶体的制备方法。

(2) 学习无机晶体生长的控制因素和方法。

(3) 学习用氧化还原滴定和配位滴定方法测定配合物的组成。

2. 仪器和药品

台秤，天平，烧杯，量筒，吸滤装置，容量瓶，蒸发皿，移液管，滴定管，锥形瓶，NaOH($2mol\cdot L^{-1}$)，HCl($2mol\cdot L^{-1}$，$6mol\cdot L^{-1}$)，H_2SO_4($3mol\cdot L^{-1}$)，氨水(1∶1)，H_2O_2(30%)，PAR 指示剂，$KMnO_4$($0.02mol\cdot L^{-1}$)标准溶液，EDTA 二钠盐($0.02mol\cdot L^{-1}$)标准溶液，$CuSO_4\cdot 5H_2O$ 固体，$H_2C_2O_4\cdot 2H_2O$ 固体，K_2CO_3 固体，金属铜(基准物)，$Na_2C_2O_4$ 固体，pH＝7 的缓冲溶液。

3. 实验原理

硫酸铜与氢氧化钠生成 $Cu(OH)_2$ 沉淀，加热转化为 CuO。一定量的 $H_2C_2O_4$ 溶于水后加入 K_2CO_3 得到 KHC_2O_4 和 $K_2C_2O_4$ 混合溶液，该溶液与 CuO 生成草酸铜酸钾溶液，蒸发浓缩，冷却后得到水合草酸铜(Ⅱ)酸钾晶体。

两种(二水和四水)水合草酸铜酸钾晶体的控制生长：实验表明，控制浓缩后草酸铜酸钾溶液的浓度，可以得到针状和片状两种不同形貌的晶体。如果浓缩后的溶液较稀，得到蓝紫色 $K_2[Cu(C_2O_4)_2]\cdot 4H_2O$ 针状晶体(图 6-1(a))；如果浓缩后的溶液较浓，得到浅蓝色 $K_2[Cu(C_2O_4)_2]\cdot 2H_2O$ 片状晶体(图 6-1(b))。针状晶体放置在空气中极易脱水风化，逐渐由蓝紫色变成浅蓝色的 $K_2[Cu(C_2O_4)_2]\cdot 2H_2O$。

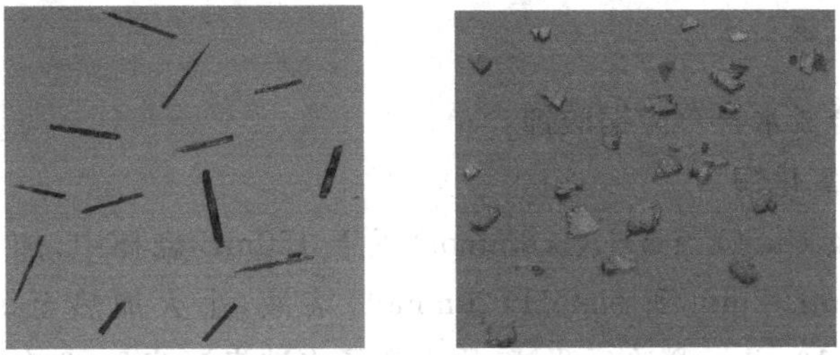

(a)　　　　　　　　(b)

图 6-1　草酸铜酸钾晶体的控制生长

涉及的反应如下：

$$CuSO_4 + 2NaOH \longrightarrow Cu(OH)_2 \downarrow + Na_2SO_4$$

$$Cu(OH)_2 \xrightarrow{\triangle} CuO + H_2O$$

$$3H_2C_2O_4 + 2K_2CO_3 \longrightarrow 2KHC_2O_4 + K_2C_2O_4 + 2CO_2 + 2H_2O$$

$$2KHC_2O_4 + CuO + 3H_2O \longrightarrow K_2[Cu(C_2O_4)_2] \cdot 4H_2O$$

$$K_2[Cu(C_2O_4)_2] \cdot 4H_2O \longrightarrow K_2[Cu(C_2O_4)_2] \cdot 2H_2O + 2H_2O$$

氧化还原滴定和配位滴定方法测定配合物组成的原理：称取一定量试样在氨水中溶解、定容。取一份试样用 H_2SO_4 中和，并在硫酸溶液中用 $KMnO_4$ 滴定试样中的 $C_2O_4^{2-}$。另取一份试样在 HCl 溶液中加入 PAR 指示剂，在 pH＝6.5～7.5 的条件下，加热近沸，并趁热用 EDTA 滴定至黄绿色终点。通过消耗的 $KMnO_4$ 和 EDTA 的体积及其浓度计算 $C_2O_4^{2-}$ 及 Cu^{2+} 的含量，并确定 $C_2O_4^{2-}$ 及 Cu^{2+} 组分比(推算出产物的实验式)。

草酸铜酸钾化合物在水中的溶解度很小，但可加入适量的氨水，使 Cu^{2+} 形成铜氨离子而溶解。溶解时 pH 约为 10，溶剂亦可采用 $2mol \cdot L^{-1}$ NH_4Cl 和 $1mol \cdot L^{-1}$ 氨水等体积混合组成的缓冲溶液。

PAR 指示剂属于吡啶基偶氮化合物，即 4-(2-吡啶基偶氮)间苯二酚，结构式为：

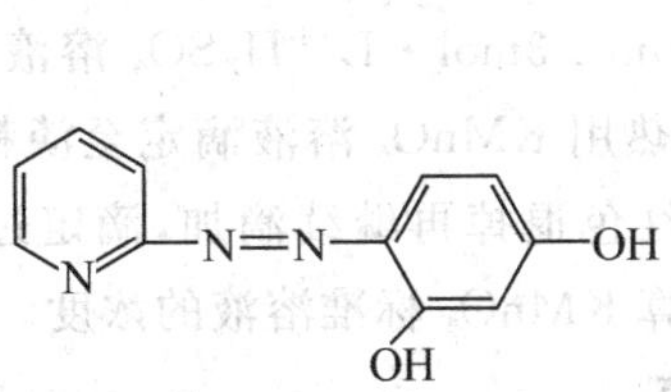

由于它在结构上比 PAN 多些亲水基团，使染料及其螯合物溶水性强。在 pH＝5～7 对 Cu^{2+} 的滴定有更明显的终点。指示剂本身在滴定条件下显黄色，而 Cu^{2+} 与 EDTA 显蓝色，终点为黄绿色。除铜外，PAR 在不同 pH 能用做下列元素的指示剂，终点由红变黄：铋、铝、锌、镉、铜等。

4. 实验步骤

1) 控制合成水合草酸铜酸钾

(1) 制备氧化铜

称取 2.0g $CuSO_4 \cdot 5H_2O$(8mmol)置于 150mL 烧杯中,加 40mL 水溶解后,再加入 10mL 2mol/L NaOH(20mmol)溶液,小火加热至沉淀变黑生成 CuO,煮沸 5～10min。稍冷后吸滤,用去离子水洗涤沉淀 2～3 次。

(2) 制备 KHC_2O_4 和 $K_2C_2O_4$ 混合溶液

称取 3.0g $H_2C_2O_4 \cdot 2H_2O$(24mmol)放入 150mL 烧杯中,加入 40mL 去离子水,微热(温度不能超过 80℃)溶解。稍冷后分数次加入 2.2g 无水 K_2CO_3(16mmol),溶解后生成 KHC_2O_4 和 $K_2C_2O_4$ 混合溶液。

(3) 两种水合草酸铜酸钾晶体的控制生长

将 CuO 连同滤纸一起加入到 KHC_2O_4 和 $K_2C_2O_4$ 的混合溶液中,待 CuO 溶解到溶液后将滤纸取出,充分反应至沉淀溶解,趁热吸滤,将滤液转入蒸发皿中加热浓缩,冷却,析晶,抽滤,自然晾干,产品保存用于组成分析。

(4) 探究实验:请同学们提前查阅无机晶体生长原理和控制方法的相关资料。自己探究如何控制实验条件,制备出针状和片状两种含有不同结晶水的草酸铜酸钾晶体。

2) 水合草酸铜酸钾配合物的组成分析

(1) 制备样品溶液

准确称取针状四水合草酸铜酸钾样品 0.95～1.05g(准确到 0.000 1g),置于 100mL 小烧杯中,加入 5mL 1∶1 $NH_3 \cdot H_2O$ 使其全部溶解,再加入 10mL 水,样品完全溶解后,转移至 250mL 容量瓶中定容。

(2) 标定 $KMnO_4$ 溶液

称取 $Na_2C_2O_4$ 固体 0.3～0.4g(准确到 0.000 1g),置于 250mL 锥形瓶中,加入 40mL 去离子水和 10mL 3mol・L^{-1} H_2SO_4 溶液。溶解后在水浴上(蒸气浴)加热至 70～80℃。趁热用 $KMnO_4$ 溶液滴定至淡粉色,半分钟不褪色,即为终点。开始滴定要慢,待红色退掉再继续滴加,滴定过程中要保持温度不低于 50℃。平行标定三次,计算 $KMnO_4$ 标准溶液的浓度。

(3) 标定 EDTA 溶液

称取标准铜 0.27～0.33g(准确到 0.000 1g)置于 100mL 小烧杯中,加入 3mL 6mol・L^{-1}的 HCl 溶液,滴加 30%H_2O_2 2mL。待铜全部溶解后加热,盖上表面皿,煮沸赶尽气泡。冷却到室温转移到 250mL 容量瓶中定容。移取 10mL 标准铜溶液至 250mL 锥形瓶中,依次加入 15mL 去离子水,2mL 1∶1 氨水,

1mL 2mol·L^{-1} HC1,10mL pH=7 的缓冲溶液,在电炉上加热至微沸,加入 4 滴 PAR 指示剂,趁热用 EDTA 溶液滴定至黄绿色,半分钟不褪色为终点。平行滴定三次。

(4) 测定 $C_2O_4^{2-}$ 的含量

取样品溶液 25mL,置于 250mL 锥形瓶中,加入 10mL 3mol·L^{-1}的 H_2SO_4 溶液,电炉上加热至 75～80℃,在水浴中放置 3～4min。趁热用已标定的 $KMnO_4$ 溶液滴定至淡粉色,半分钟不褪色为终点,记下消耗 $KMnO_4$ 溶液的体积。平行滴定三次。

(5) 测定 Cu^{2+} 的含量

另取样品溶液 25mL,加入 2mol·L^{-1} HCl 溶液 1mL,加入 pH=7 的缓冲溶液 10mL,加热至微沸,加入 2～3 滴 PAR 指示剂。趁热用已标定的 EDTA 标准溶液滴定至黄绿色,半分钟不褪色为终点,记下消耗 EDTA 溶液的体积。平行滴定三次。

(6) 结晶水的测定:自己设计实验方案测定结晶水的个数。

5. 数据处理

(1) 计算标准溶液的浓度

根据 $Na_2C_2O_4$ 的质量和滴定时消耗 $KMnO_4$ 的体积计算 $KMnO_4$ 的浓度(以 mol·L^{-1}计):

$$c(KMnO_4) = \frac{m(Na_2C_2O_4) \times 2 \times 1\,000\text{mL} \cdot L^{-1}}{V(KMnO_4) \times 134.0\text{g} \cdot \text{mol}^{-1} \times 5}$$

根据标准铜的质量和消耗 EDTA 溶液的体积计算 EDTA 溶液的浓度(以 mol·L^{-1}计):

$$c(\text{EDTA}) = \frac{m(Cu) \times 10\text{mL} \times 1\,000\text{g} \cdot \text{mol}^{-1}}{V(\text{EDTA}) \times 250\text{mL} \times 63.55\text{g} \cdot \text{mol}^{-1}}$$

(2) 计算合成产物的组成

计算试样中的 $C_2O_4^{2-}$ 质量分数(以%计):

$$w(C_2O_4^{2-}) = \frac{c(KMnO_4)V(KMnO_4) \times 88.02\text{g} \cdot \text{mol}^{-1} \times 250\text{mL} \times 5}{m_{样} \times 1\,000\text{mL} \cdot L^{-1} \times 25\text{mL} \times 2} \times 100\%$$

计算试样中的 Cu^{2+} 的质量分数(以%计):

$$w(Cu^{2+}) = \frac{c(\text{EDTA})V(\text{EDTA}) \times 63.55\text{g} \cdot \text{mol}^{-1} \times 250\text{mL}}{m_{样} \times 1000\text{mL} \cdot L^{-1} \times 25\text{mL}} \times 100\%$$

进一步可计算 Cu^{2+} 和 $C_2O_4^{2-}$ 个数比,确定合成产物的组成:

$$个数比 = \frac{w(C_2O_4^{2-})}{88.02} \Big/ \frac{w(Cu^{2+})}{63.55}$$

6. 参考文献

CUI A L, WEI J Z, YANG J, KOU H Z. Controlled Synthesis of Two Copper Oxalate Hydrate Complexes: Kinetic versus Thermodynamic Factors [J]. Journal of Chemical Education, 2009, 86(5): 598-599.

7. 思考题

(1) 设计由硫酸铜合成草酸铜(Ⅱ)酸钾的其他方案。
(2) 采用碳酸钾与草酸反应生成草酸氢钾,为什么不用氢氧化钾?
(3) 测定 Cu^{2+} 和 $C_2O_4^{2-}$ 的原理分别是什么?
(4) 以 PAR 为指示剂终点前后的颜色是怎么变化的?
(5) 样品分析过程中 pH 过大、过小对分析有何影响?
(6) 如何测定草酸铜(Ⅱ)酸钾中的结晶水?
(7) 深蓝色针状四水合和浅蓝色二水合的草酸铜酸钾晶体哪一个更稳定?
(8) 选作:解释实验条件对两种晶体生长的影响机制。
(9) 选作:课外查阅文献,写出两种晶体的结构。

实验 32　配合物 $[Cu(deen)_2](ClO_4)_2$ 的制备及热致变色性质

四配位配合物结构通常有平面四方形和四面体两种。研究发现,四配位铜配合物可以发生配位结构的变形而呈现颜色变化。具有结构相变导致化合物热致变色的物质在防伪材料中得到了广泛的应用。$[Cu(deen)_2](X)_2$ 配合物(deen 是 *N*,*N*-二乙基乙二胺的缩写)受热后,由于配位的微观结构变化导致宏观颜色发生变化。

1. 实验目的

(1) 学习非水溶剂中合成配合物的方法。
(2) 掌握非水溶剂中的溶解、沉淀、过滤等基本操作。
(3) 通过热致变色现象讨论晶体场不同对配合物颜色的影响。

2. 实验原理

根据晶体场理论,由于晶体场不同导致配合物具有不同的颜色。当升高温度时,铜配合物结构由平面四方形变成变形四面体,颜色从低温相的桃红色变成高温相的蓝紫色。

$$Cu^{2+} + 2deen + 2X^- = [Cu(deen)_2]X_2(s)$$

$$X = BF_4^-, ClO_4^-, NO_3^-$$

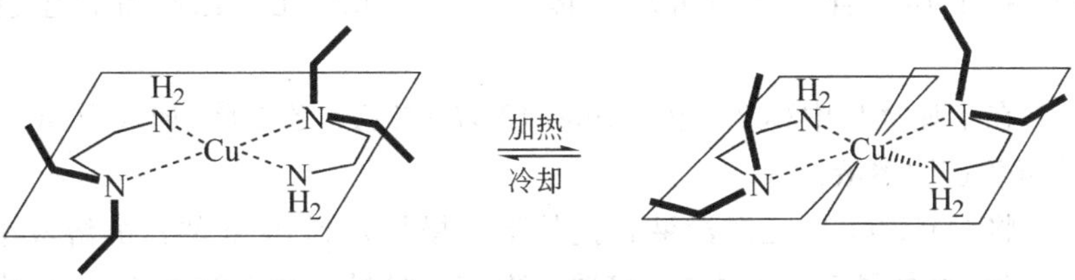

配　合　物	相转变温度/℃
$[Cu(deen)_2](BF_4)_2$	15
$[Cu(deen)_2](ClO_4)_2$	45
$[Cu(deen)_2](NO_3)_2$	145

3. 仪器和药品

台秤，天平，两个 150mL 烧杯，10mL 量筒，抽滤装置，滤纸，玻璃棒，蒸发皿，$HClO_4$(70%)，NaOH(2mol·L^{-1})，$CuSO_4 \cdot 5H_2O$ 固体，*N*,*N*-二乙基乙二胺，乙醇，无色透明胶带，吹风机。

4. 实验步骤

1) 高氯酸铜的制备

称 2.5g $CuSO_4 \cdot 5H_2O$(10mmol)转入 150mL 烧杯中，加约 50mL 水溶解，在搅拌下加入 2mol/L 的 NaOH 溶液 15mL(25mmol)，小火加热至沉淀变黑，微沸 5～10min 全部转化为 CuO 后，稍冷，抽滤，用少量去离子水淋洗沉淀，用玻璃棒将滤纸和氧化铜一起转移到盛有 10mL 水的蒸发皿中(氧化铜朝向水面)，滴加 3.5g 高氯酸(约 20mmol 相当于 1.63mL)，用玻璃棒轻轻将氧化铜拨至溶液中(注意：尽量不要把滤纸捅破)，用玻璃棒搅拌至氧化铜全部溶解生成高氯酸铜溶液，微热浓缩至约 2mL(观察现象：蒸发皿上方由白色水雾变成白色高氯酸烟雾)左右，冷却后得到水合高氯酸铜晶体。(注意千万不要把溶液蒸干，以防高氯酸铜分解危险。)

附注

$Cu(ClO_4)_2 \cdot 6H_2O$ 的相对分子质量为 370.53，蓝色三斜晶体。熔点 82℃，易溶于水，微溶于乙醇和乙醚，易溶于丙酮。120℃分解。

$HClO_4$ 的相对分子质量为 100.46，质量分数为 70%～72%，无色透明发烟液体。熔点-122℃，相对密度1.76。与水混溶。130℃以上爆炸。

2) $[Cu(deen)_2](ClO_4)_2$ 的制备

(1) 往上述水合 $Cu(ClO_4)_2$ 晶体中加入 40mL 无水乙醇得到蓝色透明溶液。

(2) 在干燥烧杯中称 2.3g(20mmol)*N*,*N*-二乙基乙二胺，加入 10mL 乙醇，得到淡黄色透明溶液。

(3) 将 $Cu(ClO_4)_2$ 乙醇溶液在搅拌下缓慢加入到 deen 的乙醇溶液中。搅拌 2～3min，再静置 10min 左右，容器底部有大量桃红色沉淀生成，上层为深蓝紫色溶液。将产品抽滤，称重，计算产率。

5. 热致变色实验

将少量的 $[Cu(deen)_2](ClO_4)_2$ 配合物样品夹在胶带中，用电吹风(或者热水杯)加热，可观察到样品由桃红色变成蓝紫色，冷却后观察颜色又恢复到红色，说明该配合物的结构相变是可逆的。

实验注意事项：高氯酸盐不稳定，溶液滴在加热的电炉上会发生爆炸，须务必小心。

6. 参考文献

CUI A L, CHEN X, SUN L, WEI J Z, YANG J, KOU H Z. Preparation and Thermochromic Properties of Copper(II)-*N*,*N*-diethylethylenediamine Complexes[J]. Journal of Chemical Education, 2011, 88(3): 311-312.

7. 研究讨论题

(1) 根据晶体场理论讨论大多数配合物具有颜色的原因。

(2) 为什么配合物 $[Cu(deen)_2](ClO_4)_2$ 能够产生热致变色，而大多数的铜配合物(例如铜氨配合物 $[Cu(en)_2]X_2$，en＝乙二胺等)没有此现象？

(3) 为什么 $[Cu(deen)_2]X_2$ 外界阴离子不同，热致变色的相变温度不同？

(4) 为什么卤素(Cl^-)等阴离子为外界阴离子得不到热致变色的配合物？

(5) 在蒸发浓缩高氯酸铜溶液时，因为高氯酸铜有六个结晶水，需要注意什么？

(6) 红色 $[Cu(deen)_2](ClO_4)_2$ 固体加入水溶解，变成深蓝色溶液，为什么？

(7) 配合物制备中乙醇的作用是什么？

(8) 如何测定化合物的相变温度？

(9) 如何测定热致变色化合物的晶体结构？

(10) 热致变色化合物有什么潜在的应用？

8. 附参考资料：配合物分析表征

1）X 射线衍射分析(X-ray diffration，XRD)

把红色配合物固体 $Cu(deen)_2(ClO_4)_2$ 在 45℃加热 3～5min 变成蓝紫色固体。采用 Bruker 公司生产的 D8 Advance 型多晶 X 射线衍射仪，测定配合物 $Cu(deen)_2(ClO_4)_2$ 在低温相和高温相的 X 射线衍射，如图 6-2 所示。从图可以看出铜配合物在高温和低温具有不一样的晶体结构。

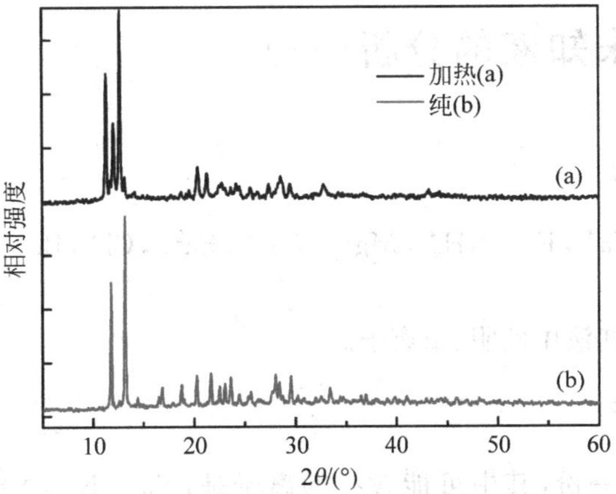

图 6-2　$Cu(deen)_2(NO_3)_2$ 的 X 射线衍射分析

2）差热分析(differential scanning calorimeter，DSC)

将热致变色配合物固体进行差热分析，采用瑞士 Mettler-Toledo 公司生产的高灵敏感应器 HSS7 的 $DSC821^e$ 型差示扫描量热仪。升温速率为 10℃/min。由实验数据经 Origin 处理得到的曲线如图 6-3 所示。

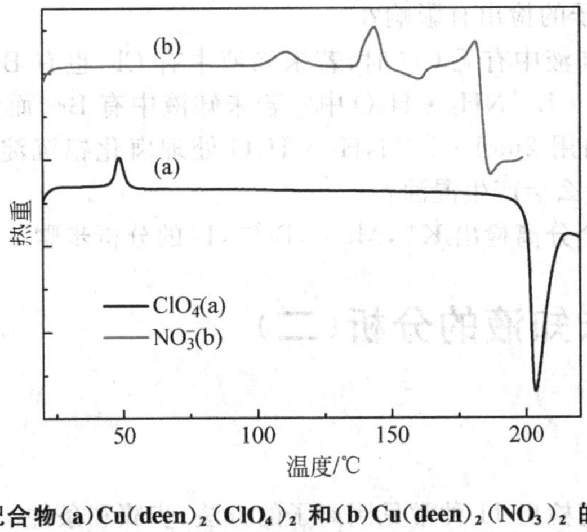

图 6-3　配合物(a)$Cu(deen)_2(ClO_4)_2$ 和(b)$Cu(deen)_2(NO_3)_2$ 的差热分析

图 6-3 中由曲线(a)可看出，$Cu(deen)_2(ClO_4)_2$ 从 45℃开始发生结构相变，在 48.5℃有一吸热峰，该温度为样品相转变温度，样品颜色开始变化是因为分子在该温度下吸热使其结构从平面正方形向变形四面体发生结构相变。190℃左右开始，曲线出现强烈的放热峰，表明该化合物在该温度下发生了分解。由图 6-3 曲线(b)可看出，$Cu(deen)_2(NO_3)_2$ 在 136℃开始发生结构相变，145℃附近的峰是由平面四边形向变形四面体转变引起的，曲线出现吸热峰，此后样品逐渐发生分解，至 180℃左右开始剧烈分解。

实验 33 未知液的分析(一)

1. 实验目的

(1) 掌握 Na^+，K^+，NH_4^+，Mg^{2+}，Ca^{2+}，Ba^{2+}，Cl^-，Br^-，I^- 的分离、检出条件。

(2) 检出未知液中的阴、阳离子。

2. 实验内容

领取未知液一份，其中可能含有的离子是：Na^+，K^+，NH_4^+，Mg^{2+}，Ca^{2+}，Ba^{2+}，Cl^-，Br^-，I^-。拟订实验分析步骤，确定未知溶液中含有哪些离子。

3. 思考题

(1) 在本实验中，能否用原未知液直接检出某些阴、阳离子？如果能，有无前提条件？

(2) 在 Cl^-，Br^-，I^- 混合液中，用 $AgNO_3$ 沉淀卤离子时，如果沉淀不完全，一般对哪一种离子的检出有影响？

(3) 检验未知液中有无 Cl^- 时，若未知液中有 Cl^- 也有 Br^-，则 AgBr 能否明显地溶于 $2mol \cdot L^{-1} NH_3 \cdot H_2O$ 中？若未知液中有 Br^- 而无 Cl^-，则情况又将如何？这时，向用 $2mol \cdot L^{-1} NH_3 \cdot H_2O$ 处理卤化银沉淀后的清液中加入 HNO_3 溶液，为什么会产生混浊？

(4) 设计一个分离检出 K^+，Mg^{2+}，Ba^{2+}，I^- 的分析步骤。

实验 34 未知液的分析(二)

1. 实验目的

(1) 了解分离检出 11 种常见阴离子的方法、步骤和条件。

(2) 熟悉常见阴离子的有关性质。

(3) 检出未知溶液中的阴离子。

2. 实验内容

领取未知溶液一份，其中可能含有的阴离子是：CO_3^{2-}，NO_2^-，NO_3^-，PO_4^{3-}，S^{2-}，SO_3^{2-}，SO_4^{2-}，$S_2O_3^{2-}$，Cl^-，Br^-，I^-。按以下步骤检出未知溶液中的阴离子。

1) 阴离子的初步检验

(1) 溶液酸碱性的检验：用 pH 试纸测定未知液的酸碱性。如果溶液显强酸性，则不可能存在 CO_3^{2-}，NO_2^-，S^{2-}，SO_3^{2-}，$S_2O_3^{2-}$；如有 PO_4^{3-}，也只能以 H_3PO_4 而存在。

如果溶液显碱性，在试管中加几滴试液，加 2mol・L^{-1} H_2SO_4 酸化，轻敲管底，也可稍微加热，观察有无气泡生成。如有气泡产生，表示可能存在 CO_3^{2-}，S^{2-}，SO_3^{2-}，$S_2O_3^{2-}$，NO_2^-（若所含离子浓度不高时，就不一定观察到明显的气泡）。

(2) 钡组阴离子的检验：在试管中加 3 滴未知液，加新配制的 6mol・L^{-1} $NH_3 \cdot H_2O$，使溶液显碱性。此时，若加 2 滴 0.5mol・L^{-1} $BaCl_2$ 溶液后，有白色沉淀产生，则可能存在 CO_3^{2-}，S^{2-}，SO_3^{2-}，PO_4^-，$S_2O_3^{2-}$（浓度大于 0.04mol・L^{-1} 时）；如果不产生沉淀，则这些离子不存在（$S_2O_3^{2-}$ 不能肯定）。

(3) 银组阴离子的检验：在试管中加 3 滴未知液和 5 滴去离子水，再滴加 0.1mol・L^{-1} $AgNO_3$，如产生沉淀，继续滴加 $AgNO_3$ 至不再产生沉淀为止，然后加 8 滴 6mol・L^{-1} HNO_3，如果沉淀不消失，表示 S^{2-}，$S_2O_3^{2-}$，Cl^-，Br^-，I^- 可能存在，并可由沉淀的颜色进行初步判断：纯白色沉淀为 Cl^-，淡黄色为 Br^-，I^-，黑色为 S^{2-}，但黑色可能掩盖其他颜色的沉淀，沉淀由白变黄再变橙最后变黑为 $S_2O_3^{2-}$。如果没有沉淀生成，则说明上述阴离子都不存在。

(4) 还原性阴离子的检验：在试管中加 3 滴未知液，滴加 2mol・L^{-1} H_2SO_4 酸化，然后加入 1～2 滴 0.01mol・L^{-1} $KMnO_4$ 溶液，如果紫色褪去，表示 SO_3^{2-}，$S_2O_3^{2-}$，S^{2-}，Br^-，I^-，NO_2^- 可能存在。如果现象不明显，可温热之。

当检出有还原性阴离子后，取 3 滴未知液（若未知液显碱性，先用 2mol・L^{-1} H_2SO_4 调至近中性），再用碘-淀粉溶液检验是否存在强还原性阴离子。如果蓝色褪去，则可能存在 S^{2-}，SO_3^{2-}，$S_2O_3^{2-}$。

(5) 氧化性阴离子的检验：在试管中加 3 滴未知液，并滴加 2mol・L^{-1} H_2SO_4 酸化，再加几滴 CCl_4 和 1～2 滴 1mol・L^{-1} KI 溶液，振荡试管，如果 CCl_4 层显紫色，表示存在 NO_2^-（在可能存在的 11 种阴离子中，只有 NO_2^- 有此反应）。

2）阴离子的检出

经过以上初步检验，可以判断哪些离子可能存在，哪些离子不可能存在。对可能存在的离子进行分离检出，最后确定未知溶液中有哪些阴离子。

3. 思考题

（1）某碱性无色未知液，用 HCl 溶液酸化后变混，此未知液中可能有哪些阴离子？

（2）在用 $Sr(NO_3)_2$ 分离 SO_3^{-} 和 $S_2O_3^{2-}$ 时，如果 $Sr(NO_3)_2$ 溶液呈明显酸性，则对分离可能会产生什么影响？

（3）请选用一种试剂区别以下 5 种溶液：$NaNO_3$，Na_2S，NaCl，$Na_2S_2O_3$，Na_2HPO_4。

（4）钡组阴离子检验时为什么强调氨水溶液是新配制的？

实验 35　未知液的分析（三）

1. 实验目的

（1）复习 Ag^+，Pb^{2+}，Hg^{2+}，Cu^{2+}，Bi^{2+}，Zn^{2+} 的分离条件以及它们的检出条件。

（2）进一步熟悉以上各离子的有关性质。

（3）检出未知溶液的阳离子。

2. 实验内容

领取未知溶液 1 份，其中可能含有的阳离子是：Ag^+，Pb^{2+}，Hg^{2+}，Cu^{2+}，Bi^{3+}，Zn^{2+}，自己拟定实验步骤，确定未知溶液中有哪些离子。

3. 思考题

（1）向未知液中滴加 HCl，如果没有白色沉淀能否说明 Ag^+，Pb^{2+} 都不存在？如果生成沉淀经用热水和 $NH_3 \cdot H_2O$ 反复处理后，还有不溶之物，这可能是什么物质？

（2）如果未知液中有 Bi^{3+}，而检出时根本没检验出来或检出反应不明显，试分析造成漏检的原因。

（3）怎样用下列方法分离 Ba^{2+} 和 Pb^{2+}：

① 利用化合物溶解度的差异；

② 利用难溶化合物在酸、碱中溶解性的差异；

③ 利用配位性的差异；

④ 利用氧化还原性的差异。

实验 36　未知液的分析(四)

1. 实验目的

(1) 了解硫化氢系统分析法的离子分组、组试剂和分组分离。

(2) 检出未知溶液中的阳离子。

2. 实验内容

领取未知溶液 8～10mL，其中可能含有的阳离子是：Na^{+}，K^{+}，NH_4^{+}，Mg^{2+}，Ca^{2+}，Ba^{2+}，Ag^{+}，Pb^{2+}，Hg^{2+}，Cu^{2+}，Bi^{3+}，Fe^{3+}(或 Fe^{2+})，Co^{2+}，Ni^{2+}，Mn^{2+}，Al^{3+}，Cr^{3+}，Zn^{2+}。取出部分未知溶液按下列步骤进行分组分离。其余溶液作个别检查和复查用。

(1) 盐酸组的沉淀生成：按实验未知液分析(一)中的有关步骤进行。

(2) 硫化氢组的沉淀生成：按实验未知液分析(二)中的有关步骤进行。

(3) 硫化铵组的沉淀生成：取(2)中留下的清液，加 3 滴 $3mol \cdot L^{-1} NH_4Cl$ 溶液，再加 $6mol \cdot L^{-1}$ 不含 CO_3^{2-} 的 $NH_3 \cdot H_2O$ 中和至碱性，加热，如无沉淀生成，表明铁、铝、铬不存在。在搅拌下加入 8～10 滴 5%硫代乙酰胺溶液，在水浴上加热几分钟并不时搅拌，冷却，离心沉降，再往上层清液中加 1 滴硫代乙酰胺溶液和 1 滴 $NH_3 \cdot H_2O$，以检验沉淀是否完全。如果还有沉淀，则还要加入硫代乙酰胺及 $NH_3 \cdot H_2O$，直至沉淀完全，离心沉降，清液按(4)的步骤处理。沉淀用热的 $1mol \cdot L^{-1} NH_4NO_3$ 溶液洗两次，弃去洗涤液，再在沉淀上加几滴 $6mol \cdot L^{-1} HNO_3$，加热使它溶解，即得到硫化铵组离子溶液。按实验未知液分析的有关步骤进行分离和检出。

(4) 碳酸铵组、易溶组的分组分离：将分离掉硫化铵组的清液用 $6mol \cdot L^{-1}$ HAc 酸化，移入坩埚中蒸发至一半体积后，转入试管中，离心分离，除去少量硫和硫化物，然后将清液移到另一只坩埚中继续蒸干，至不再有浓厚的白烟冒出，以除去大量的铵盐。坩埚冷却后，再加入 2 滴 $2mol \cdot L^{-1}$ HCl 和 10 滴去离子水，把溶液移到试管中，并用 10 滴去离子水洗坩埚，洗涤液也并入溶液中，此溶液中含碳酸铵组和易溶组。自己设计实验步骤进行分组分离和检出。根据以上分组分离，报告上述 18 种阳离子中，哪些可能存在？哪些不可能存在？

(5) 一组阳离子的分离检出：按照要求，在上述分组分离后的各组沉淀或试液中选一组，设计实验步骤对有关的阳离子作进一步分离检出。

(6) NH_4^+,Fe^{3+},Fe^{2+}的检出：如要做NH_4^+,Fe^{3+},Fe^{2+}的检出,必须取原始溶液进行(为什么?)。NH_4^+,Fe^{3+},Fe^{2+}的检出根据相关实验自己设计方案进行分析。

3. 思考题

(1) 小结18种常见阳离子的检出方法,写出反应条件、现象及反应方程式。

(2) 在分离硫化铵组时,为什么要用不含CO_3^{2-}的氨水?

(3) 在沉淀碳酸铵组之前和检出易溶组离子之前都要除NH_4^+,这两次除NH_4^+的目的是什么?要求是否相同?沉淀碳酸铵组之前除NH_4^+时只加HAc,检出易溶组之前除NH_4^+,为什么要加HNO_3?

(4) 请选用一种试剂,鉴别下列5种水溶液：KCl,$Cd(NO_3)_2$,$AgNO_3$,$ZnSO_4$,$CrCl_3$。

(5) 请选用一种试剂,鉴别下列6种离子的水溶液：Cu^{2+},Zn^{2+},Hg^{2+},Fe^{3+},Co^{2+},Cd^{2+}。

附　　录

附录 A　常用酸碱浓度

表 A1　常用酸碱浓度

试剂名称	密度/($g \cdot mL^{-1}$)	浓度/($mol \cdot L^{-1}$)	质量分数(约)/(%)
浓硫酸	1.84	18	96
浓盐酸	1.19	12	36
浓硝酸	1.42	13	60
磷酸	1.70	15	86
冰醋酸	1.05	17	99
NaOH		6	20
浓氨水	0.90	15	28

注：表中数据录自 John A. Dean：Lange's Handbook of Chemistry，13th Ed，11-27(1985)。

附录 B　常用酸碱指示剂

表 B1　常用酸碱指示剂

指示剂	pH 变化范围			配制方法
甲基橙	3.2～4.4	红	黄	0.01%的水溶液
石蕊	4.0～6.4	红	蓝	2%酒精溶液
甲基红	4.8～6.0	红	黄	0.02g 溶于 60mL 酒精和 40mL 水中
酚酞	8.2～10.0	无	红	0.05g 溶于 50mL 酒精和 50mL 水中

附录 C　标准电极电势表

表 C1　标准电极电势表(18～25℃)

半反应	$E^\ominus$/V
$H_2O_2 + 2H^+ + 2e^- = 2H_2O$	1.776
$MnO_4^- + 8H^+ + 5e^- = Mn^{2+} + 4H_2O$	1.491
Cl_2(气)$+ 2e^- = 2Cl^-$	1.358

续表

半 反 应	$E^{\ominus}$/V
$Cr_2O_7^{2-}+14H^++6e^-=2Cr^{3+}+7H_2O$	1.33
MnO_2(固)$+4H^++2e^-=Mn^{2+}+2H_2O$	1.208
O_2(气)$+4H^++4e^-=2H_2O$	1.229
Br_2(水)$+2e^-=2Br^-$	1.08
$H_2O_2+2e^-=2OH^-$	0.88
$Cu^{2+}+I^-+e^-=CuI$	0.86
$Ag^++e^-=Ag$	0.799
$Fe^{3+}+e^-=Fe^{2+}$	0.771
O_2(气)$+2H^++2e^-=H_2O_2$	0.682
$MnO_4^-+2H_2O+3e^-=MnO_2$(固)$+4OH^-$	0.58
$H_3AsO_4+2H^++2e^-=H_3AsO_3+H_2O$	0.560
$I_3^-+2e^-=3I^-$	0.536
I_2(固)$+2e^-=2I^-$	0.535
$Cu^++e^-=Cu$	0.522
$Hg_2Cl_2+2e^-=Hg(l)+2Cl^-$	0.268
甘汞电极，饱和 KCl	0.241 5
$2SO_2$(水)$+2H^++4e^-=S_2O_3^{2-}+H_2O$	0.40
$Fe(CN)_6^{3-}+e^-=Fe(CN)_6^{4-}$	0.36
$Cu^{2+}+2e^-=Cu$	0.340
$SO_4^{2-}+4H^++2e^-=SO_2$(水)$+H_2O$	0.17
$Cu^{2+}+e^-=Cu^+$	0.158
$S_4O_6^{2-}+2e^-=2S_2O_3^{2-}$	0.08
$2H^++2e^-=H_2$	0.000
$O_2+H_2O+2e^-=HO_2^-+OH^-$	−0.076
$Fe^{2+}+2e^-=Fe$	0.44
$S+2e^-=S^{2-}$	−0.51
$2CO_2+2H^++2e^-=H_2C_2O_4$	−0.49
$2SO_3^{2-}+3H_2O+4e^-=S_2O_3^{2-}+6OH^-$	−0.58
$SO_3^{2-}+3H_2O+4e^-=S+6OH^-$	−0.66
Ag_2S(固)$+2e^-=2Ag+S^{2-}$	−0.705
$Zn^{2+}+2e^-=Zn$	−0.763
$2H_2O+2e^-=H_2+2OH^-$	−0.828

附录D 常用仪器操作技术

D1 酸度计的使用

酸度计又称 pH 计，是一种电化学测量仪器，除主要用于测量水溶液的酸度（即 pH）外，还可用于测量多种电极的电极电势。以实验室中常用奥力龙 818 型酸度计为例进行说明。

1. pH 的测定

1）电极的活化

在测定前应先将玻璃电极浸在 $3mol \cdot L^{-1}$ 的 KCl 溶液中活化 1h。

2）校正 pH 计

(1) 接通电源，按 TEMP 键，用 Λ、V 键调到室温后，按 YES 键；

(2) 按 MODE 键，选定 pH 方式后按 YES 键；

(3) 按 CAL 键，用 Λ、V 键选定 pH=7，按 YES 键；

(4) 用去离子水冲洗电极，并用滤纸将水吸干后，插入 pH=6.86 的定位液中，当仪器屏幕左下角出现“Ready”后按 YES 键，出现 100 后，再按 YES 键，定位结束。

3）测定

用去离子水冲洗电极，并用滤纸将水吸干后，将电极插入待测液中，当仪器屏幕左下角出现“Ready”后，可读取测定的 pH。

2. 电压的测定

按 MODE 键，选定测定方式后即可测定，当仪器屏幕左下角出现“Ready”后，可读取测定的电压。

D2 722 型分光光度计操作说明

722 型分光光度计采用非球面光源光路，CT 光栅单色器，其波长范围从 340～1 000nm，具有自动调零，自动调 100%T 和浓度直读功能，波长精度±2nm，光度精度±0.5%(T)。

操作步骤如下。

(1) 预热：先将仪器暗箱盖打开后，开启仪器电源，预热仪器 30min 后，再进行测定。

(2) 调整波长：用波长调整旋钮调整至所需波长。

(3) 调零：调“0%ADJ”，使透过率为0.0(改变波长或测试一段时间均需重新调零)。

(4) 调整100%T：放入空白溶液，合上暗箱盖，调“100%ADJ”，使透过率为100.0(改变波长或测试一段时间均需重新调零)。

(5) 测定：将装待测溶液的比色杯用待测溶液润洗2～3遍后，用吸水纸将其光亮面的水珠吸干放入暗箱，合上暗箱盖，调MODE键使“ABS”前的指示灯亮，记下吸光度数值。

参 考 书 目

[1] 徐家宁，等. 基础化学实验：无机化学实验分册[M]. 2 版. 北京：高等教育出版社，2015.

[2] 北京师范大学，等. 无机化学实验[M]. 4 版. 北京：高等教育出版社，2014.

[3] 北京大学化学系普通化学教研室. 普通化学实验[M]. 2 版. 北京：北京大学出版社，2004.

[4] 徐如人，庞文琴. 无机合成与制备化学[M]. 北京：高等教育出版社，2001.

[5] 华彤文，陈景祖，等. 普通化学原理[M]. 3 版. 北京：北京大学出版社，2005.

[6] 中山大学，等. 无机化学实验[M]. 3 版. 北京：高等教育出版社，2015.

[7] 朗建平，卞国庆. 无机化学实验[M]. 2 版. 南京：南京大学出版社，2013.

[8] 武汉大学化学与分子科学学院实验中心. 无机化学实验[M]. 武汉：武汉大学出版社，2012.

[9] 浙江大学，华东理工大学，等. 新编大学化学实验[M]. 北京：高等教育出版社，2002.

[10] 杨春，等. 无机化学实验[M]. 天津：南开大学出版社，2007.

[11] 王尊本. 综合化学实验[M]. 北京：科学出版社，2003.

[12] 辛剑，孟长功. 基础化学实验[M]. 北京：高等教育出版社，2004.

[13] 牟文生. 无机化学实验[M]. 3 版. 北京：高等教育出版社，2015.

[14] 钟山，等. 中级无机化学实验[M]. 北京：高等教育出版社，2003.

[15] 车云霞，申泮文. 化学元素周期系[M]. 天津：南开大学出版社，1999.